드릴 만점 계산력 수학

5 단계

우리는 종종 이런 대화를 듣곤 합니다. 이런 학생들은 문제를 푸는 계산 속도가 느리거나 아는 내용도 집중력 부족으로 풀이 과정에서 실수를 범하는 경우가 대부분입니다. 즉, 계산력에 문제가 있기 때문이지요. 그러면 계산력을 향상시키고, 집중력을 강화시키기 위해서는 어떤 방법이 필요할까요? 무엇보다도 문제와 친해져야 합니다. 그러기 위해서는 같은 유형의 문제를 반복해서 풀어 보는 방법이 제일이지요.

이런 학습을 가능하게 해 주는 것이 바로 '드릴 만점 계산력수학' 입니다.

'드릴 만점 계산력수학' 은 같은 유형의 문제를, 짧은 시간 내에, 집중적으로 풀게 함으로써 기초 실력을 탄탄하게 하고 숙련도를 높여 수학에 대한 자신감을 길러 줍니다. 이렇게 형성된 **기초 실력**과 **자신감**은 훗날 **대학 입학 시험**에서 높은 점수를 얻을 수 있는 반석(盤石)이 될 것입니다.

자, 그렇다면 '드릴 만점 계산력수학' 으로 학습하면 어떤 좋은 점이 있을까요?

1 수준에 맞는 단계별 학습 프로그램으로 이해력이 빨라지도록 합니다.
각 학년에서 배우게 될 내용보다 조금 쉬운 과정에서 출발하여 그 학년에서 반드시 익혀야 할 내용까지 학습 목표를 명확하게 제시하여 학습의 이해도를 높였습니다.

2 집중력을 키우고, 스스로 학습하는 습관을 길러 줍니다.
'표준 완성 시간' 을 정해 놓고, 그 시간 안에 주어진 문제를 스스로 풀도록 함으로써 스스로 학습하는 습관을 길러 줍니다.

3 학습에 대한 성취감과 자신감을 길러 줍니다.
매회를 '표준 완성 시간' 내에 풀게 함으로써 집중력을 키우고, 반복 학습을 통한 계산력 향상으로 문제에 대한 자신감과 성취감이 최고에 이르도록 하였습니다.

이와 같은 학습 효과를 얻을 수 있는 '드릴 만점 계산력수학' 으로 꾸준히 공부한다면 반드시 '계산의 천재' 가 될 것입니다.

드릴 만점 계산력 수학의 학습 및 지도 방법

1 우선, 진단 평가를 실시한다!

똑같은 문제를 풀더라도 그 결과가 모든 사람에게 좋을 수는 없습니다.

따라서, 학습자가 어떤 학습 목표에 취약점이 있는지 미리 파악해서 각자의 수준에 맞는 단계의 교재를 선택하게 하여 자신감을 갖고 스스로 문제를 풀 수 있도록 해 주는 것이 무엇보다 중요합니다.

'드릴 만점 계산력 수학'은 아이들에게 성취감과 자신감을 주기 위해 조금 낮은 단계의 교재부터 시작해도 절대로 본 학습 진도에 뒤쳐지지 않도록 엮었습니다.

2 집중력을 가지고, 매회를 10분 내에 학습한다!

오랜 시간 동안 문제를 푼다고 해서 계산력이 향상되지는 않습니다. 따라서, '표준 완성 시간'을 정하여 정해진 짧은 시간 안에 문제를 풀 수 있도록 훈련합니다. 그러나 처음부터 '표준 완성 시간' 안에 풀어야 한다는 부담을 갖게 되면 흥미를 잃게 되므로 점차적으로 학습 습관이 형성되도록 하여 '표준 완성 시간' 안에 문제를 풀 수 있도록 지도합니다.

3 만점이 될 때까지 반복 학습을 한다!

문제를 풀다 보면 오답이 나올 수도 있습니다. 오답이 나온 경우, 틀린 문항을 반복하여 스스로 풀게 함으로써 반드시 만점을 맞도록 지도합니다.

이 같은 지도는 학생들의 문제 해결력에 대한 자신감을 길러 주어 학습 의욕을 불러 일으킵니다.

4 문제 푸는 과정을 중요시한다!

문제에 대한 답이 맞고 틀린 것만을 체크하지 말고, 문제 푸는 과정을 정확하게 서술했는지 확인합니다. 이 같은 지도는 서술형 문제를 해결하기 위한 기초 준비 학습입니다.

5 총괄 평가를 실시한다!

각 단계 학습이 끝난 후에 배운 내용을 종합적으로 총정리하고, 스스로 평가하는 과정입니다. 미흡한 부분은 다시 한 번 점검하여 100% 풀 수 있도록 숙달한 후에 다음 단계로 넘어가야 상위 단계의 학습 진행에 무리가 없습니다.

6 칭찬과 격려를 아끼지 않는다!

'칭찬은 고래도 춤추게 한다'라는 말이 있습니다. 학습 지도에 있어서 가장 중요한 일이 부모님의 칭찬과 격려입니다. '부모 확인란'을 활용하여 부모님이 지속적인 관심을 갖고 꾸준히 지도하신다면 자녀들의 계산력이 눈에 띄게 향상될 것입니다.

차 례　　　　5단계

1. 두 수의 최대공약수를 구하시오.

(1) 7) 21　28
　　　 3　　4

　　(7) ← 최대공약수

(2)) 22　4

(　　)

(3)) 10　6

(　　)

(4)) 9　6

(　　)

(5)) 16　10

(　　)

(6)) 30　9

(　　)

(7)) 4　6

(　　)

(8)) 6　32

(　　)

(9)) 12　14

(　　)

(10)) 12　21

(　　)

(11)) 10　15

(　　)

(12)) 16　6

(　　)

(13)) 14　21

(　　)

(14)) 18　4

(　　)

(15)) 18　15

(　　)

2. 두 수의 최대공약수를 구하시오.

(1)) 10　25

(　　)

(2)) 9　12

(　　)

(3)) 15　25

(　　)

(4)) 21　6

(　　)

(5)) 10　35

(　　)

(6)) 15　12

(　　)

(7)) 10　14

(　　)

(8)) 9　21

(　　)

(9)) 35　14

(　　)

(10)) 15　6

(　　)

(11)) 27　6

(　　)

(12)) 15　20

(　　)

(13)) 15　9

(　　)

1. 두 수의 최대공약수를 구하시오.

(1) 5) 55 10
　　　11　2
　　(5)

(2)) 12 27
　(　)

(3)) 45 6
　(　)

(4)) 8 10
　(　)

(5)) 6 39
　(　)

(6)) 30 4
　(　)

(7)) 12 10
　(　)

(8)) 14 8
　(　)

(9)) 15 50
　(　)

(10)) 15 21
　(　)

(11)) 21 14
　(　)

(12)) 45 10
　(　)

(13)) 15 35
　(　)

(14)) 14 4
　(　)

(15)) 6 22
　(　)

2. 두 수의 최대공약수를 구하시오.

(1)) 6 8
　(　)

(2)) 55 15
　(　)

(3)) 20 35
　(　)

(4)) 40 15
　(　)

(5)) 14 6
　(　)

(6)) 30 25
　(　)

(7)) 8 18
　(　)

(8)) 25 20
　(　)

(9)) 18 10
　(　)

(10)) 14 49
　(　)

(11)) 9 33
　(　)

(12)) 26 4
　(　)

(13)) 33 6
　(　)

(14)) 21 35
　(　)

(15)) 51 6
　(　)

1. 두 수의 최대공약수를 구하시오.

(1) 6) 12 18
      2 3
(6)

(2)) 8 20
( )

(3)) 16 40
( )

(4)) 32 40
( )

(5)) 40 24
( )

(6)) 27 63
( )

(7)) 12 20
( )

(8)) 18 63
( )

(9)) 42 18
( )

(10)) 45 36
( )

(11)) 36 8
( )

(12)) 30 18
( )

(13)) 16 20
( )

(14)) 12 32
( )

(15)) 42 12
( )

2. 두 수의 최대공약수를 구하시오.

(1)) 45 27
( )

(2)) 20 12
( )

(3)) 45 18
( )

(4)) 30 24
( )

(5)) 8 28
( )

(6)) 16 28
( )

(7)) 28 12
( )

(8)) 24 18
( )

(9)) 27 36
( )

(10)) 24 16
( )

(11)) 48 8
( )

(12)) 18 81
( )

(13)) 32 24
( )

(14)) 16 12
( )

(15)) 24 56
( )

월 일 이름

표준 완성 시간 4~5분

평가				
오답수	아주 잘함 : 0~2	잘함 : 3~4	보통 : 5~6	노력 바람 : 7~

부모 확인란

✲ 분수를 약분하여 기약분수로 나타내시오.

(1) $\frac{18}{24}=\frac{3}{4}$ (2) $\frac{6}{9}=\square$ (3) $\frac{20}{35}=\square$ (4) $\frac{7}{21}=\square$ (5) $\frac{15}{45}=\square$

(6) $\frac{15}{18}=\square$ (7) $\frac{4}{6}=\square$ (8) $\frac{21}{28}=\square$ (9) $\frac{18}{27}=\square$ (10) $\frac{15}{35}=\square$

(11) $\frac{20}{24}=\square$ (12) $\frac{10}{25}=\square$ (13) $\frac{5}{15}=\square$ (14) $\frac{3}{18}=\square$ (15) $\frac{14}{21}=\square$

(16) $\frac{9}{15}=\square$ (17) $\frac{12}{16}=\square$ (18) $\frac{9}{12}=\square$ (19) $\frac{10}{15}=\square$ (20) $\frac{16}{24}=\square$

(21) $\frac{6}{8}=\square$ (22) $\frac{15}{27}=\square$ (23) $\frac{21}{27}=\square$ (24) $\frac{35}{42}=\square$

(25) $\frac{9}{45}=\square$ (26) $\frac{12}{18}=\square$ (27) $\frac{12}{36}=\square$ (28) $\frac{12}{21}=\square$

분모와 분자의
공약수가 1뿐인
분수를 기약분수라
합니다.

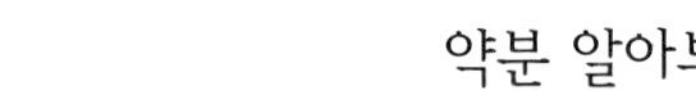

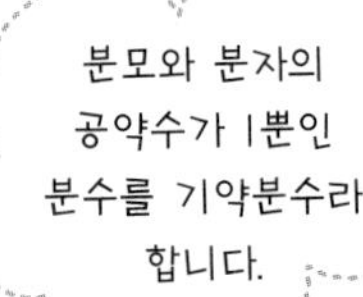

최소공배수 알아보기 (1) ○월 ○일 이름

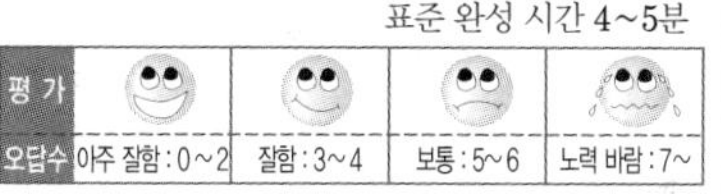

1. 두 수의 최소공배수를 구하시오.

(1)
$5\,)\,\overline{10\quad 15}$
$\quad 2\quad 3$
[30] ← 최소공배수
$5×2×3$

(2) $)\,\overline{4\quad 6}$ [ ]

(3) $)\,\overline{21\quad 6}$ [ ]

(4) $)\,\overline{21\quad 12}$ [ ]

(5) $)\,\overline{18\quad 4}$ [ ]

(6) $)\,\overline{14\quad 21}$ [ ]

(7) $)\,\overline{16\quad 6}$ [ ]

(8) $)\,\overline{10\quad 35}$ [ ]

(9) $)\,\overline{15\quad 9}$ [ ]

(10) $)\,\overline{9\quad 6}$ [ ]

(11) $)\,\overline{15\quad 10}$ [ ]

(12) $)\,\overline{22\quad 4}$ [ ]

(13) $)\,\overline{35\quad 14}$ [ ]

(14) $)\,\overline{16\quad 10}$ [ ]

(15) $)\,\overline{18\quad 15}$ [ ]

2. 두 수의 최소공배수를 구하시오.

(1) $)\,\overline{15\quad 6}$ [ ]

(2) $)\,\overline{10\quad 14}$ [ ]

(3) $)\,\overline{25\quad 10}$ [ ]

(4) $)\,\overline{10\quad 4}$ [ ]

(5) $)\,\overline{6\quad 32}$ [ ]

(6) $)\,\overline{9\quad 21}$ [ ]

(7) $)\,\overline{9\quad 12}$ [ ]

(8) $)\,\overline{6\quad 24}$ [ ]

(9) $)\,\overline{21\quad 28}$ [ ]

(10) $)\,\overline{15\quad 20}$ [ ]

(11) $)\,\overline{6\quad 27}$ [ ]

(12) $)\,\overline{30\quad 9}$ [ ]

(13) $)\,\overline{12\quad 14}$ [ ]

1. 두 수의 최소공배수를 구하시오.

(1)
5) 15 50
  3   10
〔150〕 ← 최소공배수
  5×3×10

(2)) 6 22
〔 〕

(3)) 4 30
〔 〕

(4)) 6 8
〔 〕

(5)) 6 39
〔 〕

(6)) 14 4
〔 〕

(7)) 26 4
〔 〕

(8)) 8 14
〔 〕

(9)) 12 27
〔 〕

(10)) 30 45
〔 〕

(11)) 14 21
〔 〕

(12)) 15 35
〔 〕

(13)) 51 6
〔 〕

(14)) 8 10
〔 〕

(15)) 14 49
〔 〕

2. 두 수의 최소공배수를 구하시오.

(1)) 20 35
〔 〕

(2)) 6 33
〔 〕

(3)) 55 10
〔 〕

(4)) 25 20
〔 〕

(5)) 14 6
〔 〕

(6)) 15 21
〔 〕

(7)) 21 35
〔 〕

(8)) 15 40
〔 〕

(9)) 8 18
〔 〕

(10)) 45 6
〔 〕

(11)) 15 55
〔 〕

(12)) 12 10
〔 〕

(13)) 33 9
〔 〕

(14)) 18 10
〔 〕

(15)) 45 10
〔 〕

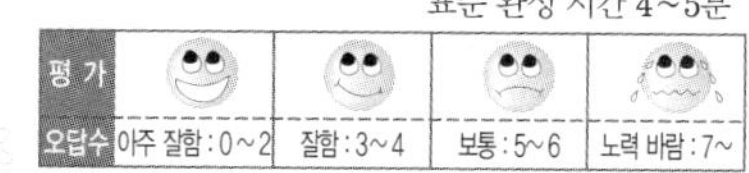

1. 두 수의 최소공배수를 구하시오.

(1) 4) 44　8
　　　　11　2
　〔 88 〕

(2)) 24　56
　〔　　〕

(3)) 32　40
　〔　　〕

(4)) 12　32
　〔　　〕

(5)) 40　24
　〔　　〕

(6)) 45　27
　〔　　〕

(7)) 12　8
　〔　　〕

(8)) 32　24
　〔　　〕

(9)) 8　28
　〔　　〕

(10)) 24　16
　〔　　〕

(11)) 16　20
　〔　　〕

(12)) 45　18
　〔　　〕

(13)) 30　24
　〔　　〕

(14)) 24　18
　〔　　〕

(15)) 16　12
　〔　　〕

2. 두 수의 최소공배수를 구하시오.

(1)) 45　36
　〔　　〕

(2)) 16　28
　〔　　〕

(3)) 18　81
　〔　　〕

(4)) 36　27
　〔　　〕

(5)) 16　40
　〔　　〕

(6)) 20　12
　〔　　〕

(7)) 42　18
　〔　　〕

(8)) 8　20
　〔　　〕

(9)) 12　18
　〔　　〕

(10)) 27　63
　〔　　〕

(11)) 36　8
　〔　　〕

(12)) 30　18
　〔　　〕

(13)) 18　63
　〔　　〕

(14)) 42　12
　〔　　〕

(15)) 28　12
　〔　　〕

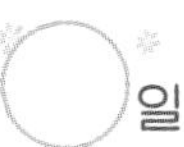

1. 두 수의 최소공배수를 구하시오.

(1) 5) 25 20
     5 4
[100]

(2)) 49 14
[   ]

(3)) 18 12
[   ]

(4)) 44 8
[   ]

(5)) 28 21
[   ]

(6)) 12 20
[   ]

(7)) 14 21
[   ]

(8)) 20 8
[   ]

(9)) 16 6
[   ]

(10)) 20 16
[   ]

(11)) 8 28
[   ]

(12)) 32 24
[   ]

(13)) 45 18
[   ]

(14)) 35 20
[   ]

(15)) 15 9
[   ]

2. 두 수의 최소공배수를 구하시오.

(1)) 30 12
[   ]

(2)) 24 16
[   ]

(3)) 16 12
[   ]

(4)) 12 8
[   ]

(5)) 18 27
[   ]

(6)) 18 30
[   ]

(7)) 20 15
[   ]

(8)) 40 16
[   ]

(9)) 18 24
[   ]

(10)) 21 12
[   ]

(11)) 8 36
[   ]

(12)) 28 12
[   ]

(13)) 15 12
[   ]

(14)) 14 35
[   ]

(15)) 32 12
[   ]

1. 두 수의 최소공배수를 구하시오.

(1) $(10, 8)$ → 40

$$2)\underline{10\ \ 8}$$
$$5\ \ \ 4 \rightarrow 2\times5\times4=40$$

(2) $(6, 8)$ → ______

(3) $(14, 4)$ → ______

(4) $(8, 4)$ → ______

(5) $(9, 6)$ → ______

(6) $(4, 22)$ → ______

(7) $(15, 10)$ → ______

(8) $(6, 15)$ → ______

(9) $(18, 4)$ → ______

(10) $(12, 9)$ → ______

(11) $(20, 8)$ → ______

(12) $(12, 8)$ → ______

(13) $(8, 12)$ → ______

(14) $(20, 6)$ → ______

(15) $(6, 14)$ → ______

(16) $(10, 6)$ → ______

(17) $(5, 6)$ → ______

(18) $(21, 14)$ → ______

(19) $(8, 14)$ → ______

(20) $(18, 12)$ → ______

2. 두 수의 최소공배수를 구하시오.

(1) $(6, 27)$ → ______

(2) $(24, 6)$ → ______

(3) $(28, 8)$ → ______

(4) $(15, 20)$ → ______

(5) $(15, 12)$ → ______

(6) $(4, 26)$ → ______

(7) $(6, 21)$ → ______

(8) $(18, 27)$ → ______

(9) $(30, 20)$ → ______

(10) $(10, 12)$ → ______

(11) $(25, 10)$ → ______

(12) $(12, 20)$ → ______

(13) $(4, 30)$ → ______

(14) $(9, 15)$ → ______

(15) $(24, 16)$ → ______

(16) $(6, 16)$ → ______

(17) $(10, 7)$ → ______

(18) $(30, 12)$ → ______

(19) $(5, 8)$ → ______

(20) $(12, 16)$ → ______

1. 두 수의 최소공배수를 구하시오.

(1) (33, 6) → 66

    3)33 6
      11 2 → 3×11×2=66

(2) (24, 36) → _______

(3) (21, 3) → _______

(4) (4, 38) → _______

(5) (15, 25) → _______

(6) (6, 22) → _______

(7) (10, 14) → _______

(8) (8, 36) → _______

(9) (24, 18) → _______

(10) (6, 26) → _______

(11) (11, 8) → _______

(12) (35, 14) → _______

(13) (39, 26) → _______

(14) (9, 21) → _______

(15) (35, 10) → _______

(16) (33, 22) → _______

(17) (24, 9) → _______

(18) (6, 39) → _______

(19) (20, 8) → _______

(20) (36, 8) → _______

2. 두 수의 최소공배수를 구하시오.

(1) (12, 14) → _______

(2) (21, 7) → _______

(3) (8, 22) → _______

(4) (20, 16) → _______

(5) (12, 28) → _______

(6) (40, 16) → _______

(7) (6, 45) → _______

(8) (8, 44) → _______

(9) (30, 9) → _______

(10) (12, 21) → _______

(11) (18, 15) → _______

(12) (21, 28) → _______

(13) (16, 10) → _______

(14) (45, 10) → _______

(15) (42, 28) → _______

(16) (18, 10) → _______

(17) (28, 6) → _______

(18) (4, 42) → _______

(19) (13, 6) → _______

(20) (44, 8) → _______

1. 두 수의 최소공배수를 구하시오.

(1) $(15, 25) \rightarrow$ __75__

$$5\underline{)15 \quad 25}$$
$$\quad 3 \quad 5 \rightarrow 5 \times 3 \times 5 = 75$$

(2) $(45, 30) \rightarrow$ ______

(3) $(32, 24) \rightarrow$ ______

(4) $(8, 28) \rightarrow$ ______

(5) $(4, 46) \rightarrow$ ______

(6) $(38, 4) \rightarrow$ ______

(7) $(33, 9) \rightarrow$ ______

(8) $(6, 45) \rightarrow$ ______

(9) $(18, 45) \rightarrow$ ______

(10) $(50, 5) \rightarrow$ ______

(11) $(20, 30) \rightarrow$ ______

(12) $(49, 14) \rightarrow$ ______

(13) $(32, 12) \rightarrow$ ______

(14) $(36, 12) \rightarrow$ ______

(15) $(16, 44) \rightarrow$ ______

(16) $(17, 3) \rightarrow$ ______

(17) $(36, 45) \rightarrow$ ______

(18) $(4, 50) \rightarrow$ ______

(19) $(24, 9) \rightarrow$ ______

(20) $(20, 50) \rightarrow$ ______

2. 두 수의 최소공배수를 구하시오.

(1) $(12, 42) \rightarrow$ ______

(2) $(4, 26) \rightarrow$ ______

(3) $(18, 27) \rightarrow$ ______

(4) $(21, 36) \rightarrow$ ______

(5) $(6, 16) \rightarrow$ ______

(6) $(6, 4) \rightarrow$ ______

(7) $(21, 12) \rightarrow$ ______

(8) $(8, 7) \rightarrow$ ______

(9) $(18, 10) \rightarrow$ ______

(10) $(44, 8) \rightarrow$ ______

(11) $(4, 18) \rightarrow$ ______

(12) $(4, 30) \rightarrow$ ______

(13) $(33, 11) \rightarrow$ ______

(14) $(9, 15) \rightarrow$ ______

(15) $(22, 8) \rightarrow$ ______

(16) $(15, 45) \rightarrow$ ______

(17) $(30, 36) \rightarrow$ ______

(18) $(20, 12) \rightarrow$ ______

(19) $(24, 32) \rightarrow$ ______

(20) $(35, 10) \rightarrow$ ______

1. 두 수의 최소공배수를 구하시오.

(1) (18, 12) → ___36___

　　6) 18　12
　　　3　2 → 6×3×2=36

(2) (15, 35) → ______

(3) (33, 44) → ______

(4) (36, 8) → ______

(5) (32, 6) → ______

(6) (9, 11) → ______

(7) (10, 16) → ______

(8) (27, 6) → ______

(9) (6, 39) → ______

(10) (8, 17) → ______

(11) (36, 48) → ______

(12) (4, 42) → ______

(13) (34, 4) → ______

(14) (77, 11) → ______

(15) (8, 14) → ______

(16) (54, 9) → ______

(17) (20, 16) → ______

(18) (32, 40) → ______

(19) (15, 6) → ______

(20) (8, 12) → ______

2. 두 수의 최소공배수를 구하시오.

(1) (4, 10) → ______

(2) (21, 28) → ______

(3) (10, 35) → ______

(4) (10, 15) → ______

(5) (8, 20) → ______

(6) (12, 30) → ______

(7) (6, 18) → ______

(8) (42, 4) → ______

(9) (24, 6) → ______

(10) (7, 12) → ______

(11) (16, 5) → ______

(12) (5, 14) → ______

(13) (30, 4) → ______

(14) (26, 8) → ______

(15) (20, 45) → ______

(16) (15, 12) → ______

(17) (28, 42) → ______

(18) (16, 40) → ______

(19) (10, 4) → ______

(20) (21, 12) → ______

1. 분수를 통분하여 보시오.

(1) $\left(\dfrac{11}{24},\ \dfrac{5}{12}\right) \rightarrow \left(\dfrac{11}{24},\ \dfrac{10}{24}\right)$

(2) $\left(\dfrac{5}{8},\ \dfrac{11}{14}\right) \rightarrow (\underline{\quad},\ \underline{\quad})$

(3) $\left(\dfrac{7}{10},\ \dfrac{4}{25}\right) \rightarrow (\underline{\quad},\ \underline{\quad})$

(4) $\left(\dfrac{2}{3},\ \dfrac{3}{5}\right) \rightarrow (\underline{\quad},\ \underline{\quad})$

(5) $\left(\dfrac{3}{10},\ \dfrac{7}{15}\right) \rightarrow (\underline{\quad},\ \underline{\quad})$

(6) $\left(\dfrac{5}{6},\ \dfrac{2}{5}\right) \rightarrow (\underline{\quad},\ \underline{\quad})$

(7) $\left(\dfrac{7}{8},\ \dfrac{3}{10}\right) \rightarrow (\underline{\quad},\ \underline{\quad})$

(8) $\left(\dfrac{3}{14},\ \dfrac{3}{4}\right) \rightarrow (\underline{\quad},\ \underline{\quad})$

(9) $\left(\dfrac{3}{4},\ \dfrac{5}{6}\right) \rightarrow (\underline{\quad},\ \underline{\quad})$

(10) $\left(\dfrac{3}{4},\ \dfrac{11}{26}\right) \rightarrow (\underline{\quad},\ \underline{\quad})$

(11) $\left(\dfrac{3}{10},\ \dfrac{3}{4}\right) \rightarrow (\underline{\quad},\ \underline{\quad})$

(12) $\left(\dfrac{7}{9},\ \dfrac{4}{15}\right) \rightarrow (\underline{\quad},\ \underline{\quad})$

(13) $\left(\dfrac{8}{21},\ \dfrac{5}{6}\right) \rightarrow (\underline{\quad},\ \underline{\quad})$

(14) $\left(\dfrac{5}{6},\ \dfrac{5}{8}\right) \rightarrow (\underline{\quad},\ \underline{\quad})$

(15) $\left(\dfrac{3}{10},\ \dfrac{1}{5}\right) \rightarrow (\underline{\quad},\ \underline{\quad})$

(16) $\left(\dfrac{11}{12},\ \dfrac{7}{36}\right) \rightarrow (\underline{\quad},\ \underline{\quad})$

(17) $\left(\dfrac{7}{15},\ \dfrac{5}{6}\right) \rightarrow (\underline{\quad},\ \underline{\quad})$

(18) $\left(\dfrac{5}{6},\ \dfrac{9}{14}\right) \rightarrow (\underline{\quad},\ \underline{\quad})$

(19) $\left(\dfrac{5}{6},\ \dfrac{11}{12}\right) \rightarrow (\underline{\quad},\ \underline{\quad})$

(20) $\left(\dfrac{11}{27},\ \dfrac{1}{6}\right) \rightarrow (\underline{\quad},\ \underline{\quad})$

2. 분수를 통분하여 보시오.

(1) $\left(\dfrac{7}{12},\ \dfrac{1}{8}\right) \rightarrow (\underline{\quad},\ \underline{\quad})$

(2) $\left(\dfrac{13}{18},\ \dfrac{5}{6}\right) \rightarrow (\underline{\quad},\ \underline{\quad})$

(3) $\left(\dfrac{8}{33},\ \dfrac{7}{22}\right) \rightarrow (\underline{\quad},\ \underline{\quad})$

(4) $\left(\dfrac{13}{42},\ \dfrac{5}{14}\right) \rightarrow (\underline{\quad},\ \underline{\quad})$

(5) $\left(\dfrac{17}{20},\ \dfrac{3}{8}\right) \rightarrow (\underline{\quad},\ \underline{\quad})$

(6) $\left(\dfrac{8}{21},\ \dfrac{3}{14}\right) \rightarrow (\underline{\quad},\ \underline{\quad})$

(7) $\left(\dfrac{13}{22},\ \dfrac{3}{4}\right) \rightarrow (\underline{\quad},\ \underline{\quad})$

(8) $\left(\dfrac{9}{11},\ \dfrac{7}{8}\right) \rightarrow (\underline{\quad},\ \underline{\quad})$

(9) $\left(\dfrac{7}{11},\ \dfrac{7}{9}\right) \rightarrow (\underline{\quad},\ \underline{\quad})$

(10) $\left(\dfrac{3}{8},\ \dfrac{7}{32}\right) \rightarrow (\underline{\quad},\ \underline{\quad})$

(11) $\left(\dfrac{9}{10},\ \dfrac{5}{6}\right) \rightarrow (\underline{\quad},\ \underline{\quad})$

(12) $\left(\dfrac{9}{16},\ \dfrac{5}{24}\right) \rightarrow (\underline{\quad},\ \underline{\quad})$

(13) $\left(\dfrac{5}{9},\ \dfrac{7}{12}\right) \rightarrow (\underline{\quad},\ \underline{\quad})$

(14) $\left(\dfrac{14}{21},\ \dfrac{7}{9}\right) \rightarrow (\underline{\quad},\ \underline{\quad})$

(15) $\left(\dfrac{5}{6},\ \dfrac{17}{20}\right) \rightarrow (\underline{\quad},\ \underline{\quad})$

(16) $\left(\dfrac{10}{11},\ \dfrac{5}{7}\right) \rightarrow (\underline{\quad},\ \underline{\quad})$

(17) $\left(\dfrac{5}{6},\ \dfrac{7}{9}\right) \rightarrow (\underline{\quad},\ \underline{\quad})$

(18) $\left(\dfrac{11}{16},\ \dfrac{5}{6}\right) \rightarrow (\underline{\quad},\ \underline{\quad})$

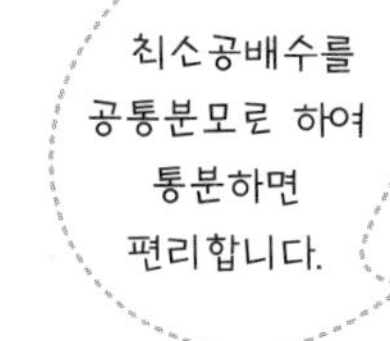

1. 분수를 통분하여 보시오.

(1) $\left(\dfrac{9}{20}, \dfrac{7}{12}\right) \rightarrow \left(\dfrac{27}{60}, \dfrac{35}{60}\right)$

(2) $\left(\dfrac{13}{20}, \dfrac{3}{4}\right) \rightarrow \left(\dfrac{\quad}{\quad}, \dfrac{\quad}{\quad}\right)$

(3) $\left(\dfrac{7}{40}, \dfrac{5}{16}\right) \rightarrow \left(\dfrac{\quad}{\quad}, \dfrac{\quad}{\quad}\right)$

(4) $\left(\dfrac{19}{36}, \dfrac{11}{12}\right) \rightarrow \left(\dfrac{\quad}{\quad}, \dfrac{\quad}{\quad}\right)$

(5) $\left(\dfrac{9}{35}, \dfrac{9}{14}\right) \rightarrow \left(\dfrac{\quad}{\quad}, \dfrac{\quad}{\quad}\right)$

(6) $\left(\dfrac{7}{16}, \dfrac{7}{18}\right) \rightarrow \left(\dfrac{\quad}{\quad}, \dfrac{\quad}{\quad}\right)$

(7) $\left(\dfrac{7}{8}, \dfrac{8}{9}\right) \rightarrow \left(\dfrac{\quad}{\quad}, \dfrac{\quad}{\quad}\right)$

(8) $\left(\dfrac{5}{6}, \dfrac{19}{42}\right) \rightarrow \left(\dfrac{\quad}{\quad}, \dfrac{\quad}{\quad}\right)$

(9) $\left(\dfrac{11}{26}, \dfrac{14}{39}\right) \rightarrow \left(\dfrac{\quad}{\quad}, \dfrac{\quad}{\quad}\right)$

(10) $\left(\dfrac{7}{18}, \dfrac{7}{24}\right) \rightarrow \left(\dfrac{\quad}{\quad}, \dfrac{\quad}{\quad}\right)$

(11) $\left(\dfrac{3}{35}, \dfrac{9}{10}\right) \rightarrow \left(\dfrac{\quad}{\quad}, \dfrac{\quad}{\quad}\right)$

(12) $\left(\dfrac{7}{24}, \dfrac{5}{36}\right) \rightarrow \left(\dfrac{\quad}{\quad}, \dfrac{\quad}{\quad}\right)$

(13) $\left(\dfrac{7}{34}, \dfrac{3}{4}\right) \rightarrow \left(\dfrac{\quad}{\quad}, \dfrac{\quad}{\quad}\right)$

(14) $\left(\dfrac{5}{7}, \dfrac{2}{3}\right) \rightarrow \left(\dfrac{\quad}{\quad}, \dfrac{\quad}{\quad}\right)$

(15) $\left(\dfrac{5}{6}, \dfrac{9}{39}\right) \rightarrow \left(\dfrac{\quad}{\quad}, \dfrac{\quad}{\quad}\right)$

(16) $\left(\dfrac{5}{8}, \dfrac{17}{36}\right) \rightarrow \left(\dfrac{\quad}{\quad}, \dfrac{\quad}{\quad}\right)$

(17) $\left(\dfrac{1}{6}, \dfrac{17}{42}\right) \rightarrow \left(\dfrac{\quad}{\quad}, \dfrac{\quad}{\quad}\right)$

(18) $\left(\dfrac{9}{10}, \dfrac{5}{16}\right) \rightarrow \left(\dfrac{\quad}{\quad}, \dfrac{\quad}{\quad}\right)$

(19) $\left(\dfrac{3}{4}, \dfrac{13}{38}\right) \rightarrow \left(\dfrac{\quad}{\quad}, \dfrac{\quad}{\quad}\right)$

(20) $\left(\dfrac{7}{20}, \dfrac{8}{15}\right) \rightarrow \left(\dfrac{\quad}{\quad}, \dfrac{\quad}{\quad}\right)$

2. 분수를 통분하여 보시오.

(1) $\left(\dfrac{7}{12}, \dfrac{11}{30}\right) \rightarrow \left(\dfrac{\quad}{\quad}, \dfrac{\quad}{\quad}\right)$

(2) $\left(\dfrac{7}{15}, \dfrac{5}{12}\right) \rightarrow \left(\dfrac{\quad}{\quad}, \dfrac{\quad}{\quad}\right)$

(3) $\left(\dfrac{9}{22}, \dfrac{5}{8}\right) \rightarrow \left(\dfrac{\quad}{\quad}, \dfrac{\quad}{\quad}\right)$

(4) $\left(\dfrac{3}{7}, \dfrac{13}{42}\right) \rightarrow \left(\dfrac{\quad}{\quad}, \dfrac{\quad}{\quad}\right)$

(5) $\left(\dfrac{9}{13}, \dfrac{2}{3}\right) \rightarrow \left(\dfrac{\quad}{\quad}, \dfrac{\quad}{\quad}\right)$

(6) $\left(\dfrac{23}{25}, \dfrac{4}{5}\right) \rightarrow \left(\dfrac{\quad}{\quad}, \dfrac{\quad}{\quad}\right)$

(7) $\left(\dfrac{13}{20}, \dfrac{11}{30}\right) \rightarrow \left(\dfrac{\quad}{\quad}, \dfrac{\quad}{\quad}\right)$

(8) $\left(\dfrac{7}{18}, \dfrac{7}{30}\right) \rightarrow \left(\dfrac{\quad}{\quad}, \dfrac{\quad}{\quad}\right)$

(9) $\left(\dfrac{6}{25}, \dfrac{7}{15}\right) \rightarrow \left(\dfrac{\quad}{\quad}, \dfrac{\quad}{\quad}\right)$

(10) $\left(\dfrac{11}{28}, \dfrac{31}{42}\right) \rightarrow \left(\dfrac{\quad}{\quad}, \dfrac{\quad}{\quad}\right)$

(11) $\left(\dfrac{2}{3}, \dfrac{14}{33}\right) \rightarrow \left(\dfrac{\quad}{\quad}, \dfrac{\quad}{\quad}\right)$

(12) $\left(\dfrac{8}{9}, \dfrac{3}{4}\right) \rightarrow \left(\dfrac{\quad}{\quad}, \dfrac{\quad}{\quad}\right)$

(13) $\left(\dfrac{13}{24}, \dfrac{8}{9}\right) \rightarrow \left(\dfrac{\quad}{\quad}, \dfrac{\quad}{\quad}\right)$

(14) $\left(\dfrac{5}{6}, \dfrac{7}{45}\right) \rightarrow \left(\dfrac{\quad}{\quad}, \dfrac{\quad}{\quad}\right)$

(15) $\left(\dfrac{17}{25}, \dfrac{7}{20}\right) \rightarrow \left(\dfrac{\quad}{\quad}, \dfrac{\quad}{\quad}\right)$

(16) $\left(\dfrac{3}{50}, \dfrac{7}{25}\right) \rightarrow \left(\dfrac{\quad}{\quad}, \dfrac{\quad}{\quad}\right)$

(17) $\left(\dfrac{7}{8}, \dfrac{3}{4}\right) \rightarrow \left(\dfrac{\quad}{\quad}, \dfrac{\quad}{\quad}\right)$

(18) $\left(\dfrac{9}{28}, \dfrac{11}{12}\right) \rightarrow \left(\dfrac{\quad}{\quad}, \dfrac{\quad}{\quad}\right)$

(19) $\left(\dfrac{5}{6}, \dfrac{17}{26}\right) \rightarrow \left(\dfrac{\quad}{\quad}, \dfrac{\quad}{\quad}\right)$

(20) $\left(\dfrac{6}{7}, \dfrac{1}{6}\right) \rightarrow \left(\dfrac{\quad}{\quad}, \dfrac{\quad}{\quad}\right)$

1. 분수를 통분하여 보시오.

(1) $\left(\dfrac{3}{10},\ \dfrac{9}{16}\right) \rightarrow \left(\dfrac{24}{80},\ \dfrac{45}{80}\right)$

(2) $\left(\dfrac{7}{8},\ \dfrac{13}{44}\right) \rightarrow (\underline{\quad},\ \underline{\quad})$

(3) $\left(\dfrac{5}{9},\ \dfrac{9}{10}\right) \rightarrow (\underline{\quad},\ \underline{\quad})$

(4) $\left(\dfrac{11}{21},\ \dfrac{5}{6}\right) \rightarrow (\underline{\quad},\ \underline{\quad})$

(5) $\left(\dfrac{10}{21},\ \dfrac{5}{28}\right) \rightarrow (\underline{\quad},\ \underline{\quad})$

(6) $\left(\dfrac{5}{12},\ \dfrac{2}{5}\right) \rightarrow (\underline{\quad},\ \underline{\quad})$

(7) $\left(\dfrac{5}{6},\ \dfrac{7}{10}\right) \rightarrow (\underline{\quad},\ \underline{\quad})$

(8) $\left(\dfrac{9}{28},\ \dfrac{5}{8}\right) \rightarrow (\underline{\quad},\ \underline{\quad})$

(9) $\left(\dfrac{12}{33},\ \dfrac{7}{22}\right) \rightarrow (\underline{\quad},\ \underline{\quad})$

(10) $\left(\dfrac{7}{9},\ \dfrac{11}{21}\right) \rightarrow (\underline{\quad},\ \underline{\quad})$

(11) $\left(\dfrac{6}{7},\ \dfrac{19}{35}\right) \rightarrow (\underline{\quad},\ \underline{\quad})$

(12) $\left(\dfrac{5}{24},\ \dfrac{5}{12}\right) \rightarrow (\underline{\quad},\ \underline{\quad})$

(13) $\left(\dfrac{5}{18},\ \dfrac{7}{36}\right) \rightarrow (\underline{\quad},\ \underline{\quad})$

(14) $\left(\dfrac{5}{18},\ \dfrac{3}{4}\right) \rightarrow (\underline{\quad},\ \underline{\quad})$

(15) $\left(\dfrac{9}{11},\ \dfrac{9}{22}\right) \rightarrow (\underline{\quad},\ \underline{\quad})$

(16) $\left(\dfrac{7}{15},\ \dfrac{8}{9}\right) \rightarrow (\underline{\quad},\ \underline{\quad})$

(17) $\left(\dfrac{7}{15},\ \dfrac{8}{21}\right) \rightarrow (\underline{\quad},\ \underline{\quad})$

(18) $\left(\dfrac{7}{10},\ \dfrac{9}{35}\right) \rightarrow (\underline{\quad},\ \underline{\quad})$

(19) $\left(\dfrac{5}{36},\ \dfrac{7}{8}\right) \rightarrow (\underline{\quad},\ \underline{\quad})$

(20) $\left(\dfrac{9}{26},\ \dfrac{5}{6}\right) \rightarrow (\underline{\quad},\ \underline{\quad})$

2. 분수를 통분하여 보시오.

(1) $\left(\dfrac{7}{50},\ \dfrac{9}{20}\right) \rightarrow (\underline{\quad},\ \underline{\quad})$

(2) $\left(\dfrac{6}{7},\ \dfrac{7}{11}\right) \rightarrow (\underline{\quad},\ \underline{\quad})$

(3) $\left(\dfrac{5}{11},\ \dfrac{4}{9}\right) \rightarrow (\underline{\quad},\ \underline{\quad})$

(4) $\left(\dfrac{5}{8},\ \dfrac{37}{48}\right) \rightarrow (\underline{\quad},\ \underline{\quad})$

(5) $\left(\dfrac{7}{15},\ \dfrac{8}{25}\right) \rightarrow (\underline{\quad},\ \underline{\quad})$

(6) $\left(\dfrac{7}{16},\ \dfrac{11}{36}\right) \rightarrow (\underline{\quad},\ \underline{\quad})$

(7) $\left(\dfrac{13}{20},\ \dfrac{3}{4}\right) \rightarrow (\underline{\quad},\ \underline{\quad})$

(8) $\left(\dfrac{5}{6},\ \dfrac{7}{8}\right) \rightarrow (\underline{\quad},\ \underline{\quad})$

(9) $\left(\dfrac{9}{10},\ \dfrac{7}{8}\right) \rightarrow (\underline{\quad},\ \underline{\quad})$

(10) $\left(\dfrac{1}{6},\ \dfrac{8}{27}\right) \rightarrow (\underline{\quad},\ \underline{\quad})$

(11) $\left(\dfrac{3}{25},\ \dfrac{9}{10}\right) \rightarrow (\underline{\quad},\ \underline{\quad})$

(12) $\left(\dfrac{5}{6},\ \dfrac{3}{4}\right) \rightarrow (\underline{\quad},\ \underline{\quad})$

(13) $\left(\dfrac{7}{24},\ \dfrac{9}{32}\right) \rightarrow (\underline{\quad},\ \underline{\quad})$

(14) $\left(\dfrac{7}{12},\ \dfrac{5}{8}\right) \rightarrow (\underline{\quad},\ \underline{\quad})$

(15) $\left(\dfrac{11}{39},\ \dfrac{5}{6}\right) \rightarrow (\underline{\quad},\ \underline{\quad})$

(16) $\left(\dfrac{16}{45},\ \dfrac{5}{18}\right) \rightarrow (\underline{\quad},\ \underline{\quad})$

(17) $\left(\dfrac{8}{21},\ \dfrac{9}{14}\right) \rightarrow (\underline{\quad},\ \underline{\quad})$

(18) $\left(\dfrac{7}{18},\ \dfrac{9}{10}\right) \rightarrow (\underline{\quad},\ \underline{\quad})$

(19) $\left(\dfrac{5}{9},\ \dfrac{25}{54}\right) \rightarrow (\underline{\quad},\ \underline{\quad})$

(20) $\left(\dfrac{3}{4},\ \dfrac{11}{42}\right) \rightarrow (\underline{\quad},\ \underline{\quad})$

16회 분수의 덧셈 1

이분모분수의 덧셈 (1)

 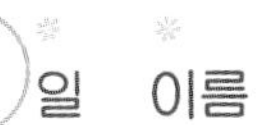

○월 ○일 이름

표준 완성 시간 5~6분

부모 확인란

평가				
오답수	아주 잘함 : 0~2	잘함 : 3~4	보통 : 5~6	노력 바람 : 7~

✽ 통분에 주의하여 다음 분수의 덧셈을 하시오.

(1) $\dfrac{3}{10} + \dfrac{1}{4} = \dfrac{6}{20} + \dfrac{5}{20} = \dfrac{11}{20}$

(2) $\dfrac{5}{9} + \dfrac{1}{6} =$

(3) $\dfrac{1}{6} + \dfrac{1}{4} =$

(4) $\dfrac{7}{15} + \dfrac{3}{10} =$

(5) $\dfrac{3}{14} + \dfrac{1}{4} =$

(6) $\dfrac{1}{2} + \dfrac{5}{12} =$

(7) $\dfrac{5}{6} + \dfrac{1}{9} =$

(8) $\dfrac{1}{6} + \dfrac{4}{15} =$

(9) $\dfrac{2}{9} + \dfrac{2}{15} =$

(10) $\dfrac{1}{15} + \dfrac{9}{10} =$

(11) $\dfrac{3}{4} + \dfrac{3}{14} =$

(12) $\dfrac{3}{8} + \dfrac{1}{12} =$

(13) $\dfrac{5}{12} + \dfrac{1}{8} =$

(14) $\dfrac{4}{9} + \dfrac{1}{6} =$

(15) $\dfrac{3}{8} + \dfrac{1}{6} =$

(16) $\dfrac{1}{10} + \dfrac{13}{15} =$

(17) $\dfrac{1}{9} + \dfrac{1}{8} =$

(18) $\dfrac{3}{8} + \dfrac{7}{12} =$

(19) $\dfrac{1}{10} + \dfrac{3}{4} =$

(20) $\dfrac{7}{15} + \dfrac{1}{6} =$

(21) $\dfrac{3}{10} + \dfrac{2}{15} =$

(22) $\dfrac{7}{10} + \dfrac{1}{4} =$

(23) $\dfrac{3}{8} + \dfrac{5}{12} =$

(24) $\dfrac{1}{10} + \dfrac{4}{15} =$

(25) $\dfrac{1}{15} + \dfrac{1}{6} =$

(26) $\dfrac{1}{4} + \dfrac{1}{5} =$

(27) $\dfrac{1}{12} + \dfrac{5}{8} =$

(28) $\dfrac{1}{4} + \dfrac{3}{5} =$

(29) $\dfrac{7}{10} + \dfrac{1}{15} =$

(30) $\dfrac{1}{6} + \dfrac{5}{8} =$

✱ 통분에 주의하여 다음 분수의 덧셈을 하시오.

(1) $\dfrac{4}{15} + \dfrac{3}{10} = \dfrac{8}{30} + \dfrac{9}{30} = \dfrac{17}{30}$

(2) $\dfrac{1}{4} + \dfrac{1}{15} =$

(3) $\dfrac{9}{10} + \dfrac{1}{15} =$

(4) $\dfrac{1}{6} + \dfrac{7}{15} =$

(5) $\dfrac{7}{12} + \dfrac{1}{8} =$

(6) $\dfrac{1}{6} + \dfrac{1}{9} =$

(7) $\dfrac{1}{14} + \dfrac{1}{4} =$

(8) $\dfrac{1}{15} + \dfrac{3}{10} =$

(9) $\dfrac{4}{15} + \dfrac{1}{6} =$

(10) $\dfrac{5}{8} + \dfrac{1}{6} =$

(11) $\dfrac{13}{15} + \dfrac{1}{10} =$

(12) $\dfrac{7}{8} + \dfrac{1}{12} =$

(13) $\dfrac{7}{10} + \dfrac{4}{15} =$

(14) $\dfrac{1}{6} + \dfrac{5}{9} =$

(15) $\dfrac{7}{15} + \dfrac{1}{10} =$

(16) $\dfrac{1}{12} + \dfrac{1}{8} =$

(17) $\dfrac{3}{4} + \dfrac{1}{6} =$

(18) $\dfrac{5}{12} + \dfrac{3}{8} =$

(19) $\dfrac{2}{15} + \dfrac{5}{6} =$

(20) $\dfrac{7}{15} + \dfrac{3}{10} =$

(21) $\dfrac{1}{4} + \dfrac{7}{10} =$

(22) $\dfrac{7}{10} + \dfrac{1}{15} =$

(23) $\dfrac{3}{14} + \dfrac{3}{4} =$

(24) $\dfrac{4}{9} + \dfrac{1}{6} =$

(25) $\dfrac{1}{10} + \dfrac{8}{15} =$

(26) $\dfrac{5}{6} + \dfrac{1}{8} =$

(27) $\dfrac{1}{3} + \dfrac{2}{27} =$

(28) $\dfrac{1}{10} + \dfrac{4}{15} =$

(29) $\dfrac{1}{10} + \dfrac{1}{4} =$

(30) $\dfrac{5}{12} + \dfrac{1}{8} =$

18회 분수의 덧셈 1

이분모분수의 덧셈 (3)

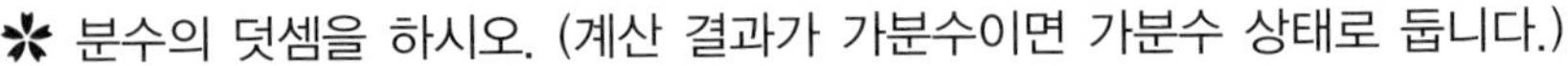

○ 월 ○ 일 이름

평가	😊	😊	😖	😵
오답수	아주 잘함 : 0~2	잘함 : 3~4	보통 : 5~6	노력 바람 : 7~

부모 확인란

❋ 분수의 덧셈을 하시오. (계산 결과가 가분수이면 가분수 상태로 둡니다.)

(1) $\dfrac{3}{8} + \dfrac{5}{6} = \dfrac{9}{24} + \dfrac{20}{24} = \dfrac{29}{24}$

(2) $\dfrac{3}{4} + \dfrac{7}{10} =$

(3) $\dfrac{15}{16} + \dfrac{1}{4} =$

(4) $\dfrac{11}{15} + \dfrac{5}{6} =$

(5) $\dfrac{13}{14} + \dfrac{3}{4} =$

(6) $\dfrac{5}{9} + \dfrac{5}{6} =$

(7) $\dfrac{5}{12} + \dfrac{7}{8} =$

(8) $\dfrac{3}{8} + \dfrac{11}{12} =$

(9) $\dfrac{9}{10} + \dfrac{3}{4} =$

(10) $\dfrac{7}{15} + \dfrac{9}{10} =$

(11) $\dfrac{5}{7} + \dfrac{7}{9} =$

(12) $\dfrac{17}{20} + \dfrac{3}{10} =$

(13) $\dfrac{9}{10} + \dfrac{13}{15} =$

(14) $\dfrac{5}{8} + \dfrac{11}{12} =$

(15) $\dfrac{14}{15} + \dfrac{5}{6} =$

(16) $\dfrac{9}{10} + \dfrac{1}{4} =$

(17) $\dfrac{3}{10} + \dfrac{14}{15} =$

(18) $\dfrac{3}{4} + \dfrac{6}{7} =$

(19) $\dfrac{4}{9} + \dfrac{5}{6} =$

(20) $\dfrac{7}{8} + \dfrac{1}{6} =$

(21) $\dfrac{3}{8} + \dfrac{5}{6} =$

(22) $\dfrac{5}{6} + \dfrac{2}{9} =$

(23) $\dfrac{8}{15} + \dfrac{3}{5} =$

(24) $\dfrac{3}{4} + \dfrac{8}{9} =$

(25) $\dfrac{7}{15} + \dfrac{9}{10} =$

(26) $\dfrac{8}{9} + \dfrac{1}{2} =$

(27) $\dfrac{1}{6} + \dfrac{13}{15} =$

(28) $\dfrac{3}{4} + \dfrac{13}{14} =$

(29) $\dfrac{7}{10} + \dfrac{2}{3} =$

(30) $\dfrac{3}{10} + \dfrac{14}{15} =$

1. 분수의 덧셈을 하시오. (답은 대분수로 고치시오.)

(1) $\dfrac{7}{10} + \dfrac{14}{15} = \dfrac{21}{30} + \dfrac{28}{30} = \dfrac{49}{30} = 1\dfrac{19}{30}$

(2) $\dfrac{5}{6} + \dfrac{1}{4} =$

(3) $\dfrac{7}{10} + \dfrac{13}{15} =$

(4) $\dfrac{5}{12} + \dfrac{7}{8} =$

(5) $\dfrac{3}{14} + \dfrac{6}{7} =$

(6) $\dfrac{1}{6} + \dfrac{13}{15} =$

(7) $\dfrac{8}{9} + \dfrac{5}{6} =$

(8) $\dfrac{3}{10} + \dfrac{14}{15} =$

(9) $\dfrac{7}{9} + \dfrac{5}{6} =$

(10) $\dfrac{11}{15} + \dfrac{3}{10} =$

2. 분수의 덧셈을 하시오. (답은 대분수로 고치시오.)

(1) $\dfrac{3}{5} + \dfrac{17}{20} =$

(2) $\dfrac{9}{10} + \dfrac{13}{15} =$

(3) $\dfrac{5}{6} + \dfrac{14}{15} =$

(4) $\dfrac{8}{9} + \dfrac{4}{5} =$

(5) $\dfrac{5}{6} + \dfrac{11}{15} =$

(6) $\dfrac{5}{8} + \dfrac{5}{6} =$

(7) $\dfrac{5}{6} + \dfrac{8}{15} =$

(8) $\dfrac{13}{14} + \dfrac{1}{4} =$

(9) $\dfrac{9}{10} + \dfrac{3}{4} =$

(10) $\dfrac{7}{8} + \dfrac{11}{12} =$

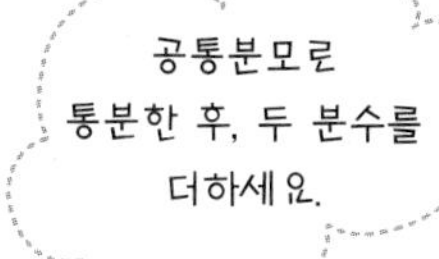

분수의 뺄셈 1

이분모분수의 뺄셈 (1)

월 일 이름

표준 완성 시간 5~6분

평가				
오답수	아주 잘함 : 0~2	잘함 : 3~4	보통 : 5~6	노력 바람 : 7~

부모 확인란

✲ 통분에 주의하여 다음 분수의 뺄셈을 하시오.

(1) $\frac{7}{8}-\frac{7}{12}=\frac{21}{24}-\frac{14}{24}=\frac{7}{24}$

(2) $\frac{3}{4}-\frac{9}{14}=$

(3) $\frac{8}{15}-\frac{3}{10}=$

(4) $\frac{3}{4}-\frac{1}{6}=$

(5) $\frac{5}{6}-\frac{1}{4}=$

(6) $\frac{7}{10}-\frac{2}{15}=$

(7) $\frac{3}{4}-\frac{3}{14}=$

(8) $\frac{5}{6}-\frac{1}{15}=$

(9) $\frac{5}{8}-\frac{5}{12}=$

(10) $\frac{1}{6}-\frac{2}{15}=$

(11) $\frac{5}{6}-\frac{7}{15}=$

(12) $\frac{3}{4}-\frac{3}{10}=$

(13) $\frac{7}{10}-\frac{1}{15}=$

(14) $\frac{5}{6}-\frac{4}{9}=$

(15) $\frac{5}{8}-\frac{7}{12}=$

(16) $\frac{7}{8}-\frac{5}{6}=$

(17) $\frac{5}{6}-\frac{4}{15}=$

(18) $\frac{3}{4}-\frac{1}{14}=$

(19) $\frac{11}{12}-\frac{3}{8}=$

(20) $\frac{5}{9}-\frac{1}{6}=$

(21) $\frac{9}{10}-\frac{3}{5}=$

(22) $\frac{13}{20}-\frac{4}{15}=$

(23) $\frac{3}{4}-\frac{5}{14}=$

(24) $\frac{3}{4}-\frac{1}{10}=$

(25) $\frac{5}{6}-\frac{3}{8}=$

(26) $\frac{13}{15}-\frac{5}{6}=$

(27) $\frac{5}{12}-\frac{1}{8}=$

(28) $\frac{8}{9}-\frac{1}{6}=$

(29) $\frac{7}{10}-\frac{4}{15}=$

(30) $\frac{11}{14}-\frac{3}{4}=$

✽ 통분에 주의하여 다음 분수의 뺄셈을 하시오.

(1) $\dfrac{5}{6} - \dfrac{5}{9} = \dfrac{15}{18} - \dfrac{10}{18} = \dfrac{5}{18}$

(2) $\dfrac{11}{15} - \dfrac{7}{10} =$

(3) $\dfrac{5}{6} - \dfrac{5}{8} =$

(4) $\dfrac{13}{15} - \dfrac{3}{10} =$

(5) $\dfrac{9}{10} - \dfrac{4}{15} =$

(6) $\dfrac{5}{6} - \dfrac{7}{15} =$

(7) $\dfrac{5}{12} - \dfrac{2}{9} =$

(8) $\dfrac{11}{16} - \dfrac{3}{8} =$

(9) $\dfrac{7}{8} - \dfrac{5}{12} =$

(10) $\dfrac{5}{14} - \dfrac{1}{4} =$

(11) $\dfrac{11}{12} - \dfrac{5}{8} =$

(12) $\dfrac{15}{16} - \dfrac{5}{6} =$

(13) $\dfrac{5}{8} - \dfrac{1}{6} =$

(14) $\dfrac{3}{4} - \dfrac{3}{10} =$

(15) $\dfrac{9}{10} - \dfrac{7}{15} =$

(16) $\dfrac{7}{10} - \dfrac{3}{8} =$

(17) $\dfrac{3}{4} - \dfrac{1}{6} =$

(18) $\dfrac{5}{6} - \dfrac{7}{9} =$

(19) $\dfrac{8}{15} - \dfrac{1}{6} =$

(20) $\dfrac{7}{10} - \dfrac{1}{4} =$

(21) $\dfrac{1}{4} - \dfrac{3}{14} =$

(22) $\dfrac{7}{10} - \dfrac{7}{15} =$

(23) $\dfrac{11}{14} - \dfrac{1}{8} =$

(24) $\dfrac{2}{3} - \dfrac{3}{10} =$

(25) $\dfrac{7}{8} - \dfrac{7}{12} =$

(26) $\dfrac{11}{14} - \dfrac{1}{4} =$

(27) $\dfrac{7}{8} - \dfrac{1}{6} =$

(28) $\dfrac{5}{8} - \dfrac{5}{12} =$

(29) $\dfrac{7}{12} - \dfrac{3}{8} =$

(30) $\dfrac{14}{15} - \dfrac{7}{10} =$

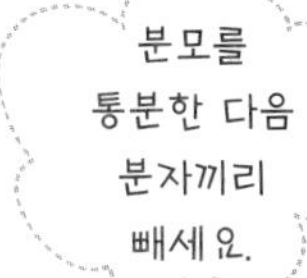

분수의 뺄셈 1

이분모분수의 뺄셈 (3)

월 일 이름

표준 완성 시간 5~6분

평가				
오답수	아주 잘함 : 0~2	잘함 : 3~4	보통 : 5~6	노력 바람 : 7~

부모 확인란

✲ 통분에 주의하여 다음 분수의 뺄셈을 하시오.

(1) $\frac{10}{9}-\frac{5}{6}=\frac{20}{18}-\frac{15}{18}=\frac{5}{18}$

(2) $\frac{9}{8}-\frac{5}{6}=$

(3) $\frac{11}{6}-\frac{13}{15}=$

(4) $\frac{7}{6}-\frac{3}{4}=$

(5) $\frac{13}{12}-\frac{5}{8}=$

(6) $\frac{16}{15}-\frac{5}{6}=$

(7) $\frac{11}{10}-\frac{13}{15}=$

(8) $\frac{13}{12}-\frac{3}{8}=$

(9) $\frac{7}{6}-\frac{5}{8}=$

(10) $\frac{7}{4}-\frac{11}{14}=$

(11) $\frac{7}{6}-\frac{7}{9}=$

(12) $\frac{5}{4}-\frac{5}{14}=$

(13) $\frac{17}{14}-\frac{3}{4}=$

(14) $\frac{7}{6}-\frac{5}{9}=$

(15) $\frac{16}{15}-\frac{3}{10}=$

(16) $\frac{7}{6}-\frac{3}{8}=$

(17) $\frac{9}{8}-\frac{5}{12}=$

(18) $\frac{7}{6}-\frac{11}{15}=$

(19) $\frac{11}{10}-\frac{7}{15}=$

(20) $\frac{11}{8}-\frac{5}{6}=$

(21) $\frac{17}{15}-\frac{9}{10}=$

(22) $\frac{11}{10}-\frac{8}{15}=$

(23) $\frac{13}{8}-\frac{5}{6}=$

(24) $\frac{25}{24}-\frac{5}{6}=$

(25) $\frac{9}{8}-\frac{11}{12}=$

(26) $\frac{9}{10}-\frac{4}{15}=$

(27) $\frac{16}{15}-\frac{7}{10}=$

(28) $\frac{15}{14}-\frac{3}{4}=$

(29) $\frac{17}{15}-\frac{7}{10}=$

(30) $\frac{17}{15}-\frac{1}{2}=$

1. 대분수를 가분수로 고쳐 분수의 뺄셈을 하시오.

(1) $1\dfrac{1}{6} - \dfrac{5}{9} = \dfrac{7}{6} - \dfrac{5}{9} = \dfrac{21}{18} - \dfrac{10}{18} = \dfrac{11}{18}$

(2) $1\dfrac{1}{8} - \dfrac{11}{12} =$

(3) $1\dfrac{3}{10} - \dfrac{8}{15} =$

(4) $1\dfrac{5}{6} - \dfrac{13}{15} =$

(5) $1\dfrac{2}{15} - \dfrac{9}{10} =$

(6) $1\dfrac{1}{6} - \dfrac{11}{15} =$

(7) $1\dfrac{2}{15} - \dfrac{7}{10} =$

(8) $1\dfrac{1}{4} - \dfrac{5}{14} =$

(9) $1\dfrac{1}{6} - \dfrac{3}{8} =$

(10) $1\dfrac{1}{9} - \dfrac{5}{6} =$

2. 대분수를 가분수로 고쳐 분수의 뺄셈을 하시오.

(1) $1\dfrac{3}{4} - \dfrac{11}{14} =$

(2) $1\dfrac{1}{15} - \dfrac{5}{6} =$

(3) $1\dfrac{3}{8} - \dfrac{5}{6} =$

(4) $1\dfrac{1}{10} - \dfrac{13}{15} =$

(5) $1\dfrac{1}{8} - \dfrac{5}{6} =$

(6) $1\dfrac{1}{14} - \dfrac{3}{4} =$

(7) $1\dfrac{3}{10} - \dfrac{11}{12} =$

(8) $1\dfrac{1}{12} - \dfrac{5}{8} =$

(9) $1\dfrac{5}{12} - \dfrac{5}{8} =$

(10) $1\dfrac{4}{15} - \dfrac{9}{10} =$

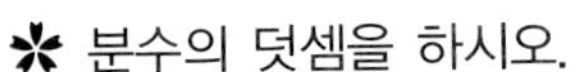

✱ 분수의 덧셈을 하시오.

(1) $\dfrac{1}{6} + \dfrac{2}{9} = \dfrac{3}{18} + \dfrac{4}{18} = \dfrac{7}{18}$

(2) $\dfrac{3}{8} + \dfrac{11}{20} =$

(3) $\dfrac{5}{12} + \dfrac{2}{9} =$

(4) $\dfrac{3}{22} + \dfrac{3}{4} =$

(5) $\dfrac{1}{4} + \dfrac{3}{10} =$

(6) $\dfrac{1}{6} + \dfrac{1}{4} =$

(7) $\dfrac{4}{9} + \dfrac{2}{15} =$

(8) $\dfrac{3}{20} + \dfrac{5}{8} =$

(9) $\dfrac{3}{8} + \dfrac{3}{10} =$

(10) $\dfrac{1}{16} + \dfrac{5}{6} =$

(11) $\dfrac{5}{6} + \dfrac{1}{21} =$

(12) $\dfrac{3}{8} + \dfrac{5}{12} =$

(13) $\dfrac{13}{21} + \dfrac{1}{14} =$

(14) $\dfrac{3}{7} + \dfrac{11}{21} =$

(15) $\dfrac{5}{6} + \dfrac{1}{21} =$

(16) $\dfrac{15}{22} + \dfrac{1}{4} =$

(17) $\dfrac{1}{6} + \dfrac{7}{16} =$

(18) $\dfrac{11}{12} + \dfrac{1}{18} =$

(19) $\dfrac{1}{12} + \dfrac{4}{9} =$

(20) $\dfrac{15}{28} + \dfrac{5}{14} =$

(21) $\dfrac{5}{18} + \dfrac{1}{4} =$

(22) $\dfrac{5}{12} + \dfrac{5}{18} =$

(23) $\dfrac{7}{8} + \dfrac{1}{10} =$

(24) $\dfrac{8}{21} + \dfrac{3}{14} =$

(25) $\dfrac{3}{4} + \dfrac{1}{14} =$

(26) $\dfrac{1}{16} + \dfrac{5}{12} =$

(27) $\dfrac{1}{8} + \dfrac{7}{20} =$

(28) $\dfrac{1}{4} + \dfrac{5}{14} =$

(29) $\dfrac{4}{9} + \dfrac{8}{15} =$

(30) $\dfrac{2}{27} + \dfrac{1}{6} =$

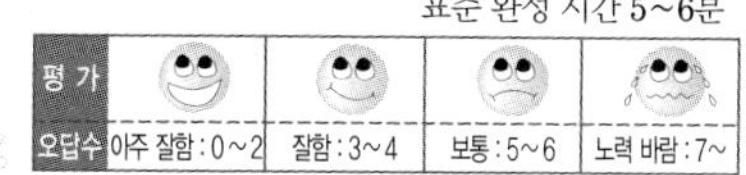

표준 완성 시간 5~6분

월　　일　　이름

평 가　오답수　아주 잘함 : 0~2　잘함 : 3~4　보통 : 5~6　노력 바람 : 7~

✽ 분수의 덧셈을 하시오.

(1) $\dfrac{5}{9} + \dfrac{1}{6} = \dfrac{10}{18} + \dfrac{3}{18} = \dfrac{13}{18}$

(2) $\dfrac{3}{8} + \dfrac{7}{12} =$

(3) $\dfrac{1}{8} + \dfrac{9}{20} =$

(4) $\dfrac{4}{21} + \dfrac{5}{14} =$

(5) $\dfrac{8}{9} + \dfrac{1}{15} =$

(6) $\dfrac{8}{21} + \dfrac{1}{14} =$

(7) $\dfrac{7}{12} + \dfrac{5}{18} =$

(8) $\dfrac{7}{10} + \dfrac{1}{8} =$

(9) $\dfrac{2}{21} + \dfrac{9}{14} =$

(10) $\dfrac{13}{16} + \dfrac{1}{6} =$

(11) $\dfrac{1}{12} + \dfrac{3}{8} =$

(12) $\dfrac{3}{4} + \dfrac{1}{6} =$

(13) $\dfrac{1}{12} + \dfrac{8}{9} =$

(14) $\dfrac{3}{10} + \dfrac{4}{15} =$

(15) $\dfrac{1}{18} + \dfrac{3}{4} =$

(16) $\dfrac{1}{6} + \dfrac{11}{21} =$

(17) $\dfrac{1}{18} + \dfrac{5}{12} =$

(18) $\dfrac{1}{9} + \dfrac{7}{15} =$

(19) $\dfrac{1}{12} + \dfrac{3}{16} =$

(20) $\dfrac{4}{9} + \dfrac{5}{12} =$

(21) $\dfrac{5}{6} + \dfrac{2}{15} =$

(22) $\dfrac{4}{9} + \dfrac{2}{15} =$

(23) $\dfrac{3}{10} + \dfrac{5}{8} =$

(24) $\dfrac{11}{21} + \dfrac{5}{14} =$

(25) $\dfrac{3}{8} + \dfrac{7}{20} =$

(26) $\dfrac{1}{21} + \dfrac{5}{6} =$

(27) $\dfrac{3}{16} + \dfrac{1}{6} =$

(28) $\dfrac{7}{22} + \dfrac{1}{4} =$

(29) $\dfrac{5}{8} + \dfrac{1}{6} =$

(30) $\dfrac{3}{22} + \dfrac{3}{4} =$

✱ 분수의 덧셈을 하시오.

(1) $\dfrac{5}{18} + \dfrac{4}{27} = \dfrac{15}{54} + \dfrac{8}{54} = \dfrac{23}{54}$

(2) $\dfrac{1}{16} + \dfrac{5}{24} =$

(3) $\dfrac{7}{9} + \dfrac{1}{12} =$

(4) $\dfrac{3}{8} + \dfrac{5}{28} =$

(5) $\dfrac{5}{6} + \dfrac{2}{27} =$

(6) $\dfrac{7}{8} + \dfrac{1}{14} =$

(7) $\dfrac{1}{20} + \dfrac{3}{8} =$

(8) $\dfrac{7}{30} + \dfrac{3}{4} =$

(9) $\dfrac{3}{25} + \dfrac{1}{10} =$

(10) $\dfrac{1}{18} + \dfrac{4}{27} =$

(11) $\dfrac{1}{6} + \dfrac{5}{27} =$

(12) $\dfrac{1}{4} + \dfrac{3}{22} =$

(13) $\dfrac{7}{12} + \dfrac{5}{16} =$

(14) $\dfrac{2}{9} + \dfrac{7}{12} =$

(15) $\dfrac{2}{21} + \dfrac{5}{14} =$

(16) $\dfrac{3}{8} + \dfrac{5}{14} =$

(17) $\dfrac{7}{10} + \dfrac{7}{25} =$

(18) $\dfrac{1}{20} + \dfrac{7}{8} =$

(19) $\dfrac{1}{10} + \dfrac{2}{15} =$

(20) $\dfrac{2}{9} + \dfrac{4}{15} =$

(21) $\dfrac{5}{8} + \dfrac{3}{28} =$

(22) $\dfrac{2}{9} + \dfrac{11}{15} =$

(23) $\dfrac{5}{8} + \dfrac{7}{20} =$

(24) $\dfrac{5}{12} + \dfrac{7}{16} =$

(25) $\dfrac{1}{6} + \dfrac{11}{27} =$

(26) $\dfrac{1}{26} + \dfrac{3}{4} =$

(27) $\dfrac{7}{18} + \dfrac{1}{12} =$

(28) $\dfrac{1}{6} + \dfrac{9}{20} =$

(29) $\dfrac{7}{24} + \dfrac{1}{16} =$

(30) $\dfrac{3}{25} + \dfrac{3}{10} =$

분수의 덧셈 2

이분모분수의 덧셈 (4)

월 일 이름

표준 완성 시간 5~6분

평가				
오답수	아주 잘함 : 0~2	잘함 : 3~4	보통 : 5~6	노력 바람 : 7~

부모 확인란

✲ 분수의 덧셈을 하시오.

(1) $\frac{1}{9}+\frac{5}{12}=\frac{4}{36}+\frac{15}{36}=\frac{19}{36}$

(2) $\frac{3}{8}+\frac{3}{14}=$

(3) $\frac{1}{24}+\frac{5}{16}=$

(4) $\frac{3}{8}+\frac{3}{28}=$

(5) $\frac{3}{20}+\frac{5}{6}=$

(6) $\frac{2}{27}+\frac{5}{6}=$

(7) $\frac{5}{18}+\frac{10}{27}=$

(8) $\frac{1}{9}+\frac{7}{12}=$

(9) $\frac{1}{6}+\frac{7}{27}=$

(10) $\frac{1}{24}+\frac{9}{16}=$

(11) $\frac{3}{4}+\frac{1}{30}=$

(12) $\frac{5}{16}+\frac{5}{24}=$

(13) $\frac{5}{8}+\frac{5}{14}=$

(14) $\frac{2}{25}+\frac{9}{10}=$

(15) $\frac{7}{12}+\frac{3}{16}=$

(16) $\frac{5}{18}+\frac{11}{27}=$

(17) $\frac{1}{28}+\frac{3}{8}=$

(18) $\frac{8}{25}+\frac{3}{10}=$

(19) $\frac{4}{15}+\frac{1}{10}=$

(20) $\frac{3}{10}+\frac{2}{25}=$

(21) $\frac{8}{21}+\frac{3}{14}=$

(22) $\frac{1}{27}+\frac{5}{6}=$

(23) $\frac{3}{8}+\frac{7}{20}=$

(24) $\frac{3}{4}+\frac{5}{26}=$

(25) $\frac{3}{8}+\frac{1}{10}=$

(26) $\frac{1}{12}+\frac{9}{16}=$

(27) $\frac{9}{20}+\frac{3}{8}=$

(28) $\frac{7}{10}+\frac{2}{25}=$

(29) $\frac{5}{12}+\frac{7}{18}=$

(30) $\frac{2}{9}+\frac{4}{15}=$

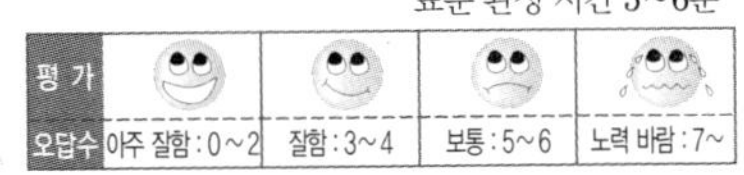

✽ 분수의 덧셈을 하시오.

(1) $\dfrac{5}{8} + \dfrac{3}{10} = \dfrac{25}{40} + \dfrac{12}{40} = \dfrac{37}{40}$

(2) $\dfrac{5}{12} + \dfrac{3}{10} =$

(3) $\dfrac{16}{21} + \dfrac{3}{14} =$

(4) $\dfrac{5}{18} + \dfrac{8}{27} =$

(5) $\dfrac{5}{12} + \dfrac{4}{15} =$

(6) $\dfrac{3}{26} + \dfrac{3}{4} =$

(7) $\dfrac{6}{25} + \dfrac{1}{10} =$

(8) $\dfrac{11}{20} + \dfrac{4}{15} =$

(9) $\dfrac{3}{25} + \dfrac{3}{10} =$

(10) $\dfrac{1}{24} + \dfrac{15}{16} =$

(11) $\dfrac{7}{30} + \dfrac{1}{12} =$

(12) $\dfrac{3}{10} + \dfrac{5}{12} =$

(13) $\dfrac{7}{12} + \dfrac{1}{18} =$

(14) $\dfrac{4}{15} + \dfrac{5}{12} =$

(15) $\dfrac{5}{8} + \dfrac{1}{20} =$

(16) $\dfrac{3}{20} + \dfrac{11}{30} =$

(17) $\dfrac{11}{30} + \dfrac{5}{12} =$

(18) $\dfrac{1}{6} + \dfrac{13}{16} =$

(19) $\dfrac{1}{4} + \dfrac{17}{30} =$

(20) $\dfrac{7}{18} + \dfrac{4}{27} =$

(21) $\dfrac{15}{26} + \dfrac{1}{4} =$

(22) $\dfrac{2}{15} + \dfrac{3}{20} =$

(23) $\dfrac{5}{12} + \dfrac{9}{16} =$

(24) $\dfrac{5}{28} + \dfrac{1}{8} =$

(25) $\dfrac{1}{8} + \dfrac{3}{14} =$

(26) $\dfrac{3}{20} + \dfrac{7}{30} =$

(27) $\dfrac{1}{4} + \dfrac{11}{18} =$

(28) $\dfrac{5}{8} + \dfrac{9}{28} =$

(29) $\dfrac{1}{15} + \dfrac{7}{9} =$

(30) $\dfrac{13}{30} + \dfrac{1}{4} =$

✲ 분수의 덧셈을 하시오.

(1) $\dfrac{6}{25} + \dfrac{3}{10} = \dfrac{12}{50} + \dfrac{15}{50} = \dfrac{27}{50}$

(2) $\dfrac{1}{8} + \dfrac{3}{10} =$

(3) $\dfrac{7}{20} + \dfrac{1}{6} =$

(4) $\dfrac{9}{16} + \dfrac{5}{24} =$

(5) $\dfrac{2}{15} + \dfrac{1}{12} =$

(6) $\dfrac{7}{12} + \dfrac{7}{30} =$

(7) $\dfrac{3}{16} + \dfrac{5}{12} =$

(8) $\dfrac{1}{4} + \dfrac{7}{30} =$

(9) $\dfrac{5}{8} + \dfrac{5}{28} =$

(10) $\dfrac{3}{4} + \dfrac{1}{26} =$

(11) $\dfrac{1}{8} + \dfrac{11}{20} =$

(12) $\dfrac{5}{21} + \dfrac{3}{14} =$

(13) $\dfrac{5}{12} + \dfrac{1}{15} =$

(14) $\dfrac{4}{15} + \dfrac{9}{20} =$

(15) $\dfrac{5}{12} + \dfrac{11}{30} =$

(16) $\dfrac{9}{28} + \dfrac{3}{8} =$

(17) $\dfrac{1}{18} + \dfrac{5}{27} =$

(18) $\dfrac{9}{25} + \dfrac{3}{10} =$

(19) $\dfrac{4}{15} + \dfrac{7}{20} =$

(20) $\dfrac{3}{20} + \dfrac{1}{6} =$

(21) $\dfrac{1}{30} + \dfrac{7}{20} =$

(22) $\dfrac{10}{27} + \dfrac{1}{18} =$

(23) $\dfrac{1}{14} + \dfrac{3}{8} =$

(24) $\dfrac{7}{12} + \dfrac{3}{10} =$

(25) $\dfrac{3}{10} + \dfrac{5}{12} =$

(26) $\dfrac{7}{26} + \dfrac{1}{4} =$

(27) $\dfrac{11}{20} + \dfrac{13}{30} =$

(28) $\dfrac{2}{15} + \dfrac{4}{9} =$

(29) $\dfrac{1}{12} + \dfrac{11}{18} =$

(30) $\dfrac{4}{27} + \dfrac{5}{18} =$

30회 분수의 덧셈 2 — 이분모분수의 덧셈 (7)   ○ 월 ○ 일 이름

1. 분수의 덧셈을 하고, 답은 약분하여 기약분수로 나타내시오.

(1) $\dfrac{1}{6} + \dfrac{4}{21} = \dfrac{7}{42} + \dfrac{8}{42} = \dfrac{15}{42} = \dfrac{5}{14}$

(2) $\dfrac{2}{15} + \dfrac{7}{10} =$

(3) $\dfrac{5}{12} + \dfrac{8}{15} =$

(4) $\dfrac{1}{14} + \dfrac{2}{21} =$

(5) $\dfrac{3}{14} + \dfrac{1}{6} =$

(6) $\dfrac{11}{20} + \dfrac{11}{30} =$

(7) $\dfrac{1}{30} + \dfrac{5}{12} =$

(8) $\dfrac{2}{15} + \dfrac{5}{12} =$

(9) $\dfrac{9}{20} + \dfrac{2}{15} =$

(10) $\dfrac{5}{12} + \dfrac{9}{20} =$

2. 분수의 덧셈을 하고, 답은 약분하여 기약분수로 나타내시오.

(1) $\dfrac{3}{10} + \dfrac{1}{6} =$

(2) $\dfrac{1}{12} + \dfrac{11}{30} =$

(3) $\dfrac{2}{15} + \dfrac{1}{6} =$

(4) $\dfrac{11}{20} + \dfrac{5}{12} =$

(5) $\dfrac{7}{15} + \dfrac{9}{20} =$

(6) $\dfrac{2}{21} + \dfrac{1}{14} =$

(7) $\dfrac{11}{15} + \dfrac{1}{10} =$

(8) $\dfrac{5}{6} + \dfrac{1}{14} =$

(9) $\dfrac{1}{15} + \dfrac{7}{20} =$

(10) $\dfrac{13}{30} + \dfrac{3}{20} =$

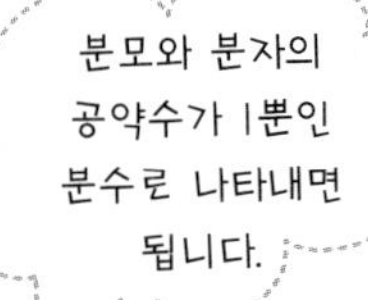

분수의 덧셈 2

이분모분수의 덧셈 (8)　　월　　일　이름

표준 완성 시간 5~6분

평가				
오답수	아주 잘함 : 0~2	잘함 : 3~4	보통 : 5~6	노력 바람 : 7~

부모 확인란

✲ 분수의 덧셈을 하고, 답은 약분하여 기약분수로 나타내시오. (계산 결과가 가분수이면 가분수 상태로 둡니다.)

(1) $\frac{11}{12}+\frac{7}{20}=\frac{55}{60}+\frac{21}{60}=\frac{\cancel{76}^{19}}{\cancel{60}_{15}}=\frac{19}{15}$

(2) $\frac{19}{30}+\frac{11}{12}=$

(3) $\frac{13}{14}+\frac{1}{6}=$

(4) $\frac{8}{21}+\frac{5}{6}=$

(5) $\frac{5}{21}+\frac{13}{14}=$

(6) $\frac{5}{12}+\frac{2}{15}=$

(7) $\frac{7}{30}+\frac{7}{20}=$

(8) $\frac{7}{15}+\frac{7}{10}=$

(9) $\frac{13}{15}+\frac{5}{6}=$

(10) $\frac{1}{6}+\frac{11}{15}=$

(11) $\frac{3}{10}+\frac{5}{6}=$

(12) $\frac{11}{15}+\frac{5}{12}=$

(13) $\frac{13}{20}+\frac{13}{30}=$

(14) $\frac{5}{6}+\frac{13}{14}=$

(15) $\frac{7}{20}+\frac{11}{12}=$

(16) $\frac{19}{21}+\frac{13}{14}=$

(17) $\frac{19}{30}+\frac{5}{12}=$

(18) $\frac{13}{20}+\frac{14}{15}=$

(19) $\frac{11}{20}+\frac{8}{15}=$

(20) $\frac{5}{6}+\frac{5}{21}=$

✽ 분수의 덧셈을 하고, 답은 약분하여 기약분수로 나타내시오. (계산 결과가 가분수이면 가분수 상태로 둡니다.)

(1) $\dfrac{13}{20} + \dfrac{14}{15} = \dfrac{39}{60} + \dfrac{56}{60} = \dfrac{95}{60} = \dfrac{19}{12}$

(2) $\dfrac{11}{12} + \dfrac{11}{15} =$

(3) $\dfrac{7}{12} + \dfrac{13}{20} =$

(4) $\dfrac{5}{12} + \dfrac{7}{30} =$

(5) $\dfrac{7}{15} + \dfrac{7}{10} =$

(6) $\dfrac{10}{21} + \dfrac{1}{6} =$

(7) $\dfrac{2}{15} + \dfrac{9}{20} =$

(8) $\dfrac{3}{14} + \dfrac{16}{21} =$

(9) $\dfrac{5}{6} + \dfrac{7}{10} =$

(10) $\dfrac{29}{30} + \dfrac{9}{20} =$

(11) $\dfrac{8}{15} + \dfrac{1}{6} =$

(12) $\dfrac{11}{12} + \dfrac{7}{30} =$

(13) $\dfrac{13}{14} + \dfrac{5}{21} =$

(14) $\dfrac{7}{30} + \dfrac{17}{20} =$

(15) $\dfrac{11}{35} + \dfrac{11}{14} =$

(16) $\dfrac{7}{12} + \dfrac{4}{15} =$

(17) $\dfrac{5}{6} + \dfrac{11}{14} =$

(18) $\dfrac{13}{20} + \dfrac{5}{12} =$

(19) $\dfrac{9}{20} + \dfrac{3}{5} =$

(20) $\dfrac{4}{15} + \dfrac{9}{10} =$

✱ 분수의 덧셈을 하고, 답은 약분하여 기약분수로 나타내시오. (계산 결과가 가분수이면 가분수 상태로 둡니다.)

(1) $\dfrac{2}{15} + \dfrac{11}{12} = \dfrac{8}{60} + \dfrac{55}{60} = \dfrac{63}{60} = \dfrac{21}{20}$

(2) $\dfrac{19}{20} + \dfrac{2}{15} =$

(3) $\dfrac{11}{21} + \dfrac{5}{6} =$

(4) $\dfrac{8}{21} + \dfrac{11}{14} =$

(5) $\dfrac{7}{30} + \dfrac{7}{20} =$

(6) $\dfrac{1}{6} + \dfrac{13}{14} =$

(7) $\dfrac{7}{12} + \dfrac{17}{30} =$

(8) $\dfrac{5}{14} + \dfrac{5}{6} =$

(9) $\dfrac{11}{12} + \dfrac{17}{20} =$

(10) $\dfrac{4}{15} + \dfrac{5}{6} =$

(11) $\dfrac{7}{12} + \dfrac{23}{30} =$

(12) $\dfrac{17}{20} + \dfrac{17}{30} =$

(13) $\dfrac{9}{10} + \dfrac{5}{6} =$

(14) $\dfrac{13}{20} + \dfrac{5}{12} =$

(15) $\dfrac{14}{15} + \dfrac{1}{6} =$

(16) $\dfrac{4}{15} + \dfrac{11}{12} =$

(17) $\dfrac{2}{15} + \dfrac{19}{20} =$

(18) $\dfrac{13}{15} + \dfrac{7}{12} =$

(19) $\dfrac{5}{6} + \dfrac{8}{21} =$

(20) $\dfrac{14}{15} + \dfrac{9}{10} =$

표준 완성 시간 4~5분

평가				
오답수	아주 잘함 : 0~1	잘함 : 2	보통 : 3~4	노력 바람 : 5~

부모 확인란

✲ 분수의 덧셈을 하고, 답은 약분하여 기약분수로 나타내시오.

(1) $3\frac{7}{15}+3\frac{9}{20}=3\frac{28}{60}+3\frac{27}{60}$

$=6\frac{55}{60}=6\frac{11}{12}$

(2) $3\frac{1}{6}+2\frac{10}{21}=$

(3) $3\frac{7}{10}+4\frac{1}{6}=$

(4) $2\frac{11}{15}+3\frac{1}{10}=$

(5) $4\frac{5}{12}+1\frac{1}{30}=$

(6) $1\frac{5}{12}+3\frac{2}{15}=$

(7) $2\frac{5}{12}+2\frac{11}{20}=$

(8) $2\frac{5}{6}+5\frac{1}{14}=$

(9) $1\frac{1}{14}+2\frac{2}{21}=$

(10) $2\frac{3}{10}+1\frac{1}{6}=$

(11) $4\frac{13}{30}+1\frac{3}{20}=$

(12) $2\frac{1}{6}+2\frac{2}{15}=$

✱ 분수의 덧셈을 하고, 답은 약분하여 기약분수로 나타내시오.

(1) $2\dfrac{7}{10}+2\dfrac{5}{6}=2\dfrac{21}{30}+2\dfrac{25}{30}$

$\qquad =4\dfrac{46}{30}=5\dfrac{8}{15}$

(2) $4\dfrac{19}{30}+1\dfrac{11}{12}=$

(3) $2\dfrac{5}{6}+1\dfrac{13}{14}=$

(4) $3\dfrac{11}{20}+3\dfrac{11}{12}=$

(5) $2\dfrac{13}{15}+3\dfrac{5}{6}=$

(6) $2\dfrac{8}{21}+4\dfrac{5}{6}=$

(7) $1\dfrac{13}{20}+3\dfrac{13}{30}=$

(8) $2\dfrac{5}{21}+1\dfrac{13}{14}=$

(9) $2\dfrac{11}{15}+3\dfrac{5}{12}=$

(10) $2\dfrac{7}{15}+1\dfrac{7}{10}=$

(11) $3\dfrac{8}{15}+1\dfrac{11}{20}=$

(12) $4\dfrac{1}{6}+3\dfrac{9}{10}=$

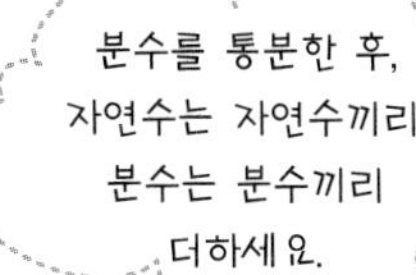

✱ 분수의 덧셈을 하고, 답은 약분하여 기약분수로 나타내시오.

(1) $2\dfrac{3}{10}+3\dfrac{5}{6}=2\dfrac{9}{30}+3\dfrac{25}{30}$

$=5\dfrac{34}{30}=6\dfrac{2}{15}$

(2) $4\dfrac{11}{14}+2\dfrac{8}{21}=$

(3) $3\dfrac{13}{30}+2\dfrac{11}{12}=$

(4) $3\dfrac{7}{15}+3\dfrac{5}{6}=$

(5) $1\dfrac{5}{6}+5\dfrac{5}{21}=$

(6) $3\dfrac{7}{20}+2\dfrac{11}{15}=$

(7) $2\dfrac{9}{15}+4\dfrac{7}{10}=$

(8) $2\dfrac{17}{20}+3\dfrac{9}{30}=$

(9) $3\dfrac{5}{12}+5\dfrac{13}{20}=$

(10) $4\dfrac{19}{21}+1\dfrac{1}{6}=$

(11) $3\dfrac{5}{6}+1\dfrac{9}{14}=$

(12) $4\dfrac{7}{12}+3\dfrac{13}{15}=$

 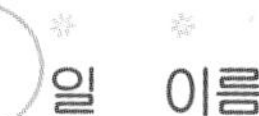

✽ 분수의 뺄셈을 하시오.

(1) $\dfrac{1}{4} - \dfrac{1}{6} = \dfrac{3}{12} - \dfrac{2}{12} = \dfrac{1}{12}$

(2) $\dfrac{5}{12} - \dfrac{3}{8} =$

(3) $\dfrac{4}{9} - \dfrac{1}{6} =$

(4) $\dfrac{5}{8} - \dfrac{3}{20} =$

(5) $\dfrac{8}{15} - \dfrac{2}{9} =$

(6) $\dfrac{3}{14} - \dfrac{4}{21} =$

(7) $\dfrac{5}{21} - \dfrac{3}{14} =$

(8) $\dfrac{5}{18} - \dfrac{1}{4} =$

(9) $\dfrac{3}{10} - \dfrac{1}{4} =$

(10) $\dfrac{11}{20} - \dfrac{3}{8} =$

(11) $\dfrac{1}{4} - \dfrac{5}{22} =$

(12) $\dfrac{5}{16} - \dfrac{1}{12} =$

(13) $\dfrac{2}{9} - \dfrac{2}{15} =$

(14) $\dfrac{5}{12} - \dfrac{2}{9} =$

(15) $\dfrac{7}{16} - \dfrac{1}{6} =$

(16) $\dfrac{3}{8} - \dfrac{3}{10} =$

(17) $\dfrac{1}{6} - \dfrac{1}{16} =$

(18) $\dfrac{5}{12} - \dfrac{5}{18} =$

(19) $\dfrac{4}{9} - \dfrac{2}{15} =$

(20) $\dfrac{13}{21} - \dfrac{1}{14} =$

(21) $\dfrac{3}{4} - \dfrac{1}{14} =$

(22) $\dfrac{4}{21} - \dfrac{1}{14} =$

(23) $\dfrac{3}{4} - \dfrac{3}{22} =$

(24) $\dfrac{4}{9} - \dfrac{1}{12} =$

(25) $\dfrac{7}{8} - \dfrac{1}{10} =$

(26) $\dfrac{7}{20} - \dfrac{1}{8} =$

(27) $\dfrac{5}{6} - \dfrac{5}{21} =$

(28) $\dfrac{10}{21} - \dfrac{1}{6} =$

(29) $\dfrac{11}{12} - \dfrac{1}{18} =$

(30) $\dfrac{15}{22} - \dfrac{1}{4} =$

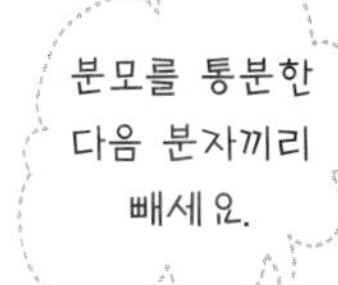

38회 분수의 뺄셈 2

이분모분수의 뺄셈 (2)

월 일 이름

표준 완성 시간 5~6분

평가				
오답수	아주 잘함 : 0~2	잘함 : 3~4	보통 : 5~6	노력 바람 : 7~

부모 확인란

✲ 분수의 뺄셈을 하시오.

(1) $\frac{3}{4}-\frac{1}{6}=\frac{9}{12}-\frac{2}{12}=\frac{7}{12}$

(2) $\frac{7}{8}-\frac{5}{6}=$

(3) $\frac{9}{20}-\frac{1}{8}=$

(4) $\frac{4}{9}-\frac{1}{15}=$

(5) $\frac{3}{8}-\frac{3}{16}=$

(6) $\frac{3}{4}-\frac{5}{16}=$

(7) $\frac{7}{18}-\frac{1}{4}=$

(8) $\frac{5}{6}-\frac{1}{8}=$

(9) $\frac{3}{16}-\frac{1}{12}=$

(10) $\frac{3}{8}-\frac{3}{10}=$

(11) $\frac{10}{21}-\frac{1}{6}=$

(12) $\frac{3}{7}-\frac{5}{42}=$

(13) $\frac{7}{15}-\frac{4}{9}=$

(14) $\frac{3}{4}-\frac{5}{22}=$

(15) $\frac{7}{12}-\frac{3}{8}=$

(16) $\frac{7}{12}-\frac{5}{18}=$

(17) $\frac{5}{8}-\frac{7}{20}=$

(18) $\frac{3}{16}-\frac{1}{6}=$

(19) $\frac{3}{10}-\frac{4}{15}=$

(20) $\frac{7}{10}-\frac{1}{8}=$

(21) $\frac{5}{6}-\frac{2}{21}=$

(22) $\frac{4}{9}-\frac{4}{15}=$

(23) $\frac{9}{14}-\frac{4}{21}=$

(24) $\frac{10}{21}-\frac{3}{14}=$

(25) $\frac{11}{16}-\frac{3}{8}=$

(26) $\frac{3}{14}-\frac{2}{21}=$

(27) $\frac{8}{9}-\frac{1}{12}=$

(28) $\frac{5}{6}-\frac{4}{15}=$

(29) $\frac{8}{21}-\frac{1}{14}=$

(30) $\frac{7}{22}-\frac{1}{4}=$

✽ 분수의 뺄셈을 하시오.

(1) $\dfrac{7}{8} - \dfrac{1}{20} = \dfrac{35}{40} - \dfrac{2}{40} = \dfrac{33}{40}$

(2) $\dfrac{7}{16} - \dfrac{5}{12} =$

(3) $\dfrac{10}{27} - \dfrac{1}{6} =$

(4) $\dfrac{4}{27} - \dfrac{1}{18} =$

(5) $\dfrac{2}{15} - \dfrac{1}{9} =$

(6) $\dfrac{3}{8} - \dfrac{5}{14} =$

(7) $\dfrac{5}{18} - \dfrac{7}{27} =$

(8) $\dfrac{3}{8} - \dfrac{5}{28} =$

(9) $\dfrac{7}{10} - \dfrac{7}{25} =$

(10) $\dfrac{7}{18} - \dfrac{1}{12} =$

(11) $\dfrac{1}{4} - \dfrac{5}{22} =$

(12) $\dfrac{3}{4} - \dfrac{7}{30} =$

(13) $\dfrac{7}{24} - \dfrac{3}{16} =$

(14) $\dfrac{7}{12} - \dfrac{2}{9} =$

(15) $\dfrac{5}{27} - \dfrac{1}{6} =$

(16) $\dfrac{5}{14} - \dfrac{2}{21} =$

(17) $\dfrac{3}{25} - \dfrac{1}{10} =$

(18) $\dfrac{2}{15} - \dfrac{1}{10} =$

(19) $\dfrac{3}{8} - \dfrac{1}{20} =$

(20) $\dfrac{7}{9} - \dfrac{1}{12} =$

(21) $\dfrac{5}{8} - \dfrac{7}{20} =$

(22) $\dfrac{11}{15} - \dfrac{2}{9} =$

(23) $\dfrac{9}{20} - \dfrac{1}{6} =$

(24) $\dfrac{7}{12} - \dfrac{5}{16} =$

(25) $\dfrac{3}{4} - \dfrac{1}{26} =$

(26) $\dfrac{5}{6} - \dfrac{4}{27} =$

(27) $\dfrac{7}{8} - \dfrac{1}{14} =$

(28) $\dfrac{3}{10} - \dfrac{3}{25} =$

(29) $\dfrac{7}{24} - \dfrac{1}{16} =$

(30) $\dfrac{5}{8} - \dfrac{3}{28} =$

표준 완성 시간 5~6분

부모 확인란

평가	😄	😊	😕	😣
오답수	아주 잘함 : 0~2	잘함 : 3~4	보통 : 5~6	노력 바람 : 7~

✳ 분수의 뺄셈을 하시오.

(1) $\dfrac{5}{12} - \dfrac{7}{18} = \dfrac{15}{36} - \dfrac{14}{36} = \dfrac{1}{36}$

(2) $\dfrac{8}{15} - \dfrac{3}{10} =$

(3) $\dfrac{5}{12} - \dfrac{5}{16} =$

(4) $\dfrac{9}{10} - \dfrac{2}{25} =$

(5) $\dfrac{5}{8} - \dfrac{3}{14} =$

(6) $\dfrac{5}{6} - \dfrac{2}{27} =$

(7) $\dfrac{8}{21} - \dfrac{5}{14} =$

(8) $\dfrac{7}{12} - \dfrac{3}{16} =$

(9) $\dfrac{3}{8} - \dfrac{3}{20} =$

(10) $\dfrac{8}{25} - \dfrac{3}{10} =$

(11) $\dfrac{10}{27} - \dfrac{5}{18} =$

(12) $\dfrac{5}{24} - \dfrac{1}{16} =$

(13) $\dfrac{3}{4} - \dfrac{1}{30} =$

(14) $\dfrac{9}{20} - \dfrac{3}{8} =$

(15) $\dfrac{5}{12} - \dfrac{1}{9} =$

(16) $\dfrac{3}{15} - \dfrac{1}{12} =$

(17) $\dfrac{3}{8} - \dfrac{3}{28} =$

(18) $\dfrac{7}{10} - \dfrac{2}{25} =$

(19) $\dfrac{3}{8} - \dfrac{1}{10} =$

(20) $\dfrac{5}{8} - \dfrac{1}{28} =$

(21) $\dfrac{3}{4} - \dfrac{3}{26} =$

(22) $\dfrac{5}{6} - \dfrac{1}{27} =$

(23) $\dfrac{3}{8} - \dfrac{3}{14} =$

(24) $\dfrac{5}{6} - \dfrac{3}{20} =$

(25) $\dfrac{7}{27} - \dfrac{1}{6} =$

(26) $\dfrac{4}{15} - \dfrac{2}{9} =$

(27) $\dfrac{3}{10} - \dfrac{2}{25} =$

(28) $\dfrac{7}{12} - \dfrac{1}{9} =$

(29) $\dfrac{9}{22} - \dfrac{1}{4} =$

(30) $\dfrac{13}{27} - \dfrac{5}{18} =$

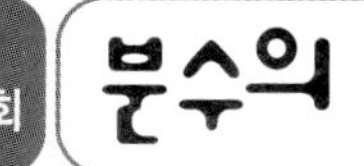

✲ 분수의 뺄셈을 하시오.

(1) $\dfrac{5}{8} - \dfrac{9}{28} = \dfrac{35}{56} - \dfrac{18}{56} = \dfrac{17}{56}$

(2) $\dfrac{7}{9} - \dfrac{1}{15} =$

(3) $\dfrac{15}{26} - \dfrac{1}{4} =$

(4) $\dfrac{3}{20} - \dfrac{2}{15} =$

(5) $\dfrac{7}{18} - \dfrac{1}{4} =$

(6) $\dfrac{13}{30} - \dfrac{5}{12} =$

(7) $\dfrac{7}{12} - \dfrac{7}{15} =$

(8) $\dfrac{5}{8} - \dfrac{1}{10} =$

(9) $\dfrac{11}{30} - \dfrac{3}{20} =$

(10) $\dfrac{9}{16} - \dfrac{1}{6} =$

(11) $\dfrac{3}{14} - \dfrac{1}{8} =$

(12) $\dfrac{3}{10} - \dfrac{4}{25} =$

(13) $\dfrac{15}{16} - \dfrac{1}{24} =$

(14) $\dfrac{5}{8} - \dfrac{1}{20} =$

(15) $\dfrac{9}{16} - \dfrac{5}{12} =$

(16) $\dfrac{7}{18} - \dfrac{4}{27} =$

(17) $\dfrac{5}{28} - \dfrac{1}{8} =$

(18) $\dfrac{7}{12} - \dfrac{1}{18} =$

(19) $\dfrac{8}{15} - \dfrac{5}{12} =$

(20) $\dfrac{16}{21} - \dfrac{3}{14} =$

(21) $\dfrac{7}{12} - \dfrac{3}{10} =$

(22) $\dfrac{7}{12} - \dfrac{11}{30} =$

(23) $\dfrac{7}{20} - \dfrac{7}{30} =$

(24) $\dfrac{3}{4} - \dfrac{5}{26} =$

(25) $\dfrac{8}{27} - \dfrac{5}{18} =$

(26) $\dfrac{6}{25} - \dfrac{1}{10} =$

(27) $\dfrac{17}{30} - \dfrac{1}{4} =$

(28) $\dfrac{11}{20} - \dfrac{4}{15} =$

(29) $\dfrac{11}{30} - \dfrac{1}{4} =$

(30) $\dfrac{5}{12} - \dfrac{3}{10} =$

  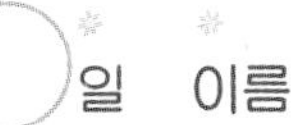

표준 완성 시간 5~6분

부모 확인란

평가 / 오답수　아주 잘함 : 0~2　잘함 : 3~4　보통 : 5~6　노력 바람 : 7~

○ 월　○ 일　이름

[illegible] 분수의 뺄셈을 하시오.

(1) $\dfrac{5}{6} - \dfrac{3}{20} = \dfrac{50}{60} - \dfrac{9}{60} = \dfrac{41}{60}$

(2) $\dfrac{11}{20} - \dfrac{1}{8} =$

(3) $\dfrac{4}{15} - \dfrac{3}{20} =$

(4) $\dfrac{5}{12} - \dfrac{3}{16} =$

(5) $\dfrac{7}{10} - \dfrac{1}{12} =$

(6) $\dfrac{3}{4} - \dfrac{9}{26} =$

(7) $\dfrac{3}{10} - \dfrac{6}{25} =$

(8) $\dfrac{7}{20} - \dfrac{1}{30} =$

(9) $\dfrac{3}{10} - \dfrac{1}{8} =$

(10) $\dfrac{5}{12} - \dfrac{1}{30} =$

(11) $\dfrac{7}{9} - \dfrac{2}{15} =$

(12) $\dfrac{5}{18} - \dfrac{1}{12} =$

(13) $\dfrac{5}{27} - \dfrac{1}{18} =$

(14) $\dfrac{11}{20} - \dfrac{13}{30} =$

(15) $\dfrac{3}{4} - \dfrac{7}{30} =$

(16) $\dfrac{3}{8} - \dfrac{9}{28} =$

(17) $\dfrac{9}{16} - \dfrac{5}{24} =$

(18) $\dfrac{5}{14} - \dfrac{5}{21} =$

(19) $\dfrac{7}{20} - \dfrac{1}{6} =$

(20) $\dfrac{5}{12} - \dfrac{2}{15} =$

(21) $\dfrac{7}{12} - \dfrac{4}{15} =$

(22) $\dfrac{7}{27} - \dfrac{1}{18} =$

(23) $\dfrac{7}{12} - \dfrac{3}{10} =$

(24) $\dfrac{3}{8} - \dfrac{1}{14} =$

(25) $\dfrac{11}{30} - \dfrac{1}{12} =$

(26) $\dfrac{9}{25} - \dfrac{3}{10} =$

(27) $\dfrac{9}{20} - \dfrac{4}{15} =$

(28) $\dfrac{7}{26} - \dfrac{1}{4} =$

(29) $\dfrac{5}{8} - \dfrac{5}{28} =$

(30) $\dfrac{5}{18} - \dfrac{4}{27} =$

1. 분수의 뺄셈을 하고, 답은 약분하여 기약분수로 나타내시오.

(1) $\dfrac{11}{12} - \dfrac{11}{20} = \dfrac{55}{60} - \dfrac{33}{60} = \dfrac{22}{60} = \dfrac{11}{30}$

(2) $\dfrac{5}{6} - \dfrac{1}{10} =$

(3) $\dfrac{13}{15} - \dfrac{9}{20} =$

(4) $\dfrac{5}{6} - \dfrac{1}{14} =$

(5) $\dfrac{5}{6} - \dfrac{1}{21} =$

(6) $\dfrac{7}{12} - \dfrac{7}{30} =$

(7) $\dfrac{14}{15} - \dfrac{7}{12} =$

(8) $\dfrac{5}{6} - \dfrac{8}{15} =$

(9) $\dfrac{19}{21} - \dfrac{1}{14} =$

(10) $\dfrac{13}{15} - \dfrac{5}{12} =$

2. 분수의 뺄셈을 하고, 답은 약분하여 기약분수로 나타내시오.

(1) $\dfrac{17}{21} - \dfrac{1}{6} =$

(2) $\dfrac{19}{30} - \dfrac{1}{12} =$

(3) $\dfrac{13}{20} - \dfrac{17}{30} =$

(4) $\dfrac{14}{15} - \dfrac{1}{10} =$

(5) $\dfrac{14}{15} - \dfrac{7}{20} =$

(6) $\dfrac{11}{20} - \dfrac{1}{12} =$

(7) $\dfrac{9}{14} - \dfrac{1}{6} =$

(8) $\dfrac{7}{30} - \dfrac{3}{20} =$

(9) $\dfrac{11}{21} - \dfrac{5}{14} =$

(10) $\dfrac{3}{10} - \dfrac{1}{6} =$

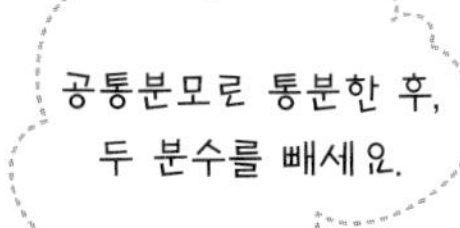

표준 완성 시간 5~6분

부모 확인란

평가	😊	😊	😟	😫
오답수	아주 잘함 : 0~2	잘함 : 3~4	보통 : 5~6	노력 바람 : 7~

1. 분수의 뺄셈을 하고, 답은 약분하여 기약분수로 나타내시오.

(1) $\dfrac{9}{10} - \dfrac{1}{6} = \dfrac{27}{30} - \dfrac{5}{30} = \dfrac{22}{30} = \dfrac{11}{15}$

(2) $\dfrac{5}{6} - \dfrac{5}{14} =$

(3) $\dfrac{5}{12} - \dfrac{4}{15} =$

(4) $\dfrac{1}{3} - \dfrac{2}{15} =$

(5) $\dfrac{8}{15} - \dfrac{9}{20} =$

(6) $\dfrac{9}{10} - \dfrac{5}{6} =$

(7) $\dfrac{17}{21} - \dfrac{9}{14} =$

(8) $\dfrac{9}{10} - \dfrac{1}{15} =$

(9) $\dfrac{13}{30} - \dfrac{1}{12} =$

(10) $\dfrac{3}{20} - \dfrac{1}{12} =$

2. 분수의 뺄셈을 하고, 답은 약분하여 기약분수로 나타내시오.

(1) $\dfrac{5}{6} - \dfrac{2}{15} =$

(2) $\dfrac{11}{21} - \dfrac{1}{6} =$

(3) $\dfrac{5}{6} - \dfrac{10}{21} =$

(4) $\dfrac{11}{12} - \dfrac{23}{30} =$

(5) $\dfrac{13}{14} - \dfrac{1}{6} =$

(6) $\dfrac{11}{12} - \dfrac{17}{20} =$

(7) $\dfrac{9}{20} - \dfrac{11}{30} =$

(8) $\dfrac{11}{15} - \dfrac{13}{20} =$

(9) $\dfrac{13}{14} - \dfrac{16}{21} =$

(10) $\dfrac{13}{20} - \dfrac{7}{30} =$

1. 분수의 뺄셈을 하고, 답은 약분하여 기약분수로 나타내시오.

(1) $\dfrac{1}{6} - \dfrac{1}{10} = \dfrac{5}{30} - \dfrac{3}{30} = \dfrac{2}{30} = \dfrac{1}{15}$

(2) $\dfrac{5}{21} - \dfrac{1}{14} =$

(3) $\dfrac{13}{20} - \dfrac{5}{12} =$

(4) $\dfrac{19}{20} - \dfrac{8}{15} =$

(5) $\dfrac{11}{12} - \dfrac{11}{30} =$

(6) $\dfrac{7}{12} - \dfrac{1}{30} =$

(7) $\dfrac{5}{6} - \dfrac{3}{14} =$

(8) $\dfrac{9}{10} - \dfrac{11}{15} =$

(9) $\dfrac{11}{15} - \dfrac{1}{12} =$

(10) $\dfrac{19}{30} - \dfrac{11}{20} =$

2. 분수의 뺄셈을 하고, 답은 약분하여 기약분수로 나타내시오.

(1) $\dfrac{19}{20} - \dfrac{1}{30} =$

(2) $\dfrac{5}{6} - \dfrac{11}{14} =$

(3) $\dfrac{14}{15} - \dfrac{7}{12} =$

(4) $\dfrac{5}{21} - \dfrac{1}{6} =$

(5) $\dfrac{7}{10} - \dfrac{8}{15} =$

(6) $\dfrac{14}{15} - \dfrac{5}{6} =$

(7) $\dfrac{19}{20} - \dfrac{5}{12} =$

(8) $\dfrac{11}{14} - \dfrac{13}{21} =$

(9) $\dfrac{19}{21} - \dfrac{5}{6} =$

(10) $\dfrac{7}{15} - \dfrac{1}{20} =$

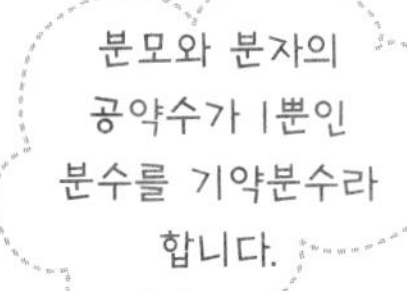

1. 분수의 뺄셈을 하고, 답은 약분하여 기약분수로 나타내시오.

(1) $\dfrac{5}{6} - \dfrac{9}{14} = \dfrac{35}{42} - \dfrac{27}{42} = \dfrac{8}{42} = \dfrac{4}{21}$

(2) $\dfrac{7}{12} - \dfrac{3}{20} =$

(3) $\dfrac{19}{30} - \dfrac{7}{12} =$

(4) $\dfrac{5}{6} - \dfrac{3}{10} =$

(5) $\dfrac{5}{14} - \dfrac{1}{6} =$

(6) $\dfrac{8}{21} - \dfrac{3}{14} =$

(7) $\dfrac{7}{12} - \dfrac{8}{15} =$

(8) $\dfrac{13}{20} - \dfrac{1}{15} =$

(9) $\dfrac{4}{15} - \dfrac{1}{6} =$

(10) $\dfrac{19}{20} - \dfrac{11}{30} =$

2. 분수의 뺄셈을 하고, 답은 약분하여 기약분수로 나타내시오.

(1) $\dfrac{3}{10} - \dfrac{2}{15} =$

(2) $\dfrac{14}{15} - \dfrac{1}{12} =$

(3) $\dfrac{20}{21} - \dfrac{11}{14} =$

(4) $\dfrac{5}{6} - \dfrac{13}{21} =$

(5) $\dfrac{1}{6} - \dfrac{2}{21} =$

(6) $\dfrac{11}{12} - \dfrac{7}{15} =$

(7) $\dfrac{23}{30} - \dfrac{7}{20} =$

(8) $\dfrac{23}{30} - \dfrac{5}{12} =$

(9) $\dfrac{11}{12} - \dfrac{7}{20} =$

(10) $\dfrac{11}{20} - \dfrac{2}{15} =$

드릴 만점 계산력 수학 **47회**

분수의 뺄셈 2

이분모분수의 뺄셈 (11)

월 일 이름

표준 완성 시간 4~5분

평가				
오답수	아주 잘함 : 0~1	잘함 : 2	보통 : 3	노력 바람 : 4~

부모 확인란

✲ 분수의 뺄셈을 하고, 답은 약분하여 기약분수로 나타내시오.

(1) $1\frac{17}{20}-\frac{11}{12}=1\frac{51}{60}-\frac{55}{60}$

$=\frac{111}{60}-\frac{55}{60}$

$=\frac{\overset{14}{\cancel{56}}}{\underset{15}{\cancel{60}}}=\frac{14}{15}$

(2) $1\frac{4}{15}-\frac{5}{12}=$

(3) $1\frac{16}{21}-\frac{13}{14}=$

(4) $1\frac{5}{6}-\frac{9}{10}=$

(5) $1\frac{2}{15}-\frac{5}{6}=$

(6) $1\frac{13}{20}-\frac{11}{15}=$

(7) $1\frac{23}{30}-\frac{11}{12}=$

(8) $1\frac{7}{30}-\frac{13}{20}=$

(9) $1\frac{10}{21}-\frac{5}{6}=$

✱ 분수의 뺄셈을 하고, 답은 약분하여 기약분수로 나타내시오.

(1) $4\dfrac{9}{20} - 2\dfrac{8}{15} = 4\dfrac{27}{60} - 2\dfrac{32}{60}$

$= 3\dfrac{87}{60} - 2\dfrac{32}{60}$

$= 1\dfrac{55}{60} = 1\dfrac{11}{12}$

(2) $4\dfrac{1}{6} - 2\dfrac{11}{21} =$

(3) $6\dfrac{5}{14} - 2\dfrac{5}{6} =$

(4) $5\dfrac{2}{15} - 2\dfrac{5}{6} =$

(5) $8\dfrac{2}{15} - 4\dfrac{7}{12} =$

(6) $5\dfrac{1}{12} - 1\dfrac{13}{30} =$

(7) $4\dfrac{9}{14} - 1\dfrac{17}{21} =$

(8) $7\dfrac{3}{20} - 3\dfrac{17}{30} =$

(9) $5\dfrac{1}{12} - 1\dfrac{3}{20} =$

✱ 분수의 뺄셈을 하고, 답은 약분하여 기약분수로 나타내시오.

(1) $6\dfrac{3}{10} - 4\dfrac{5}{6} = 6\dfrac{9}{30} - 4\dfrac{25}{30}$

$= 5\dfrac{39}{30} - 4\dfrac{25}{30}$

$= 1\dfrac{14}{30} = 1\dfrac{7}{15}$

(2) $4\dfrac{1}{6} - 1\dfrac{13}{14} =$

(3) $8\dfrac{8}{15} - 4\dfrac{7}{12} =$

(4) $8\dfrac{1}{15} - 4\dfrac{3}{20} =$

(5) $6\dfrac{7}{12} - 3\dfrac{13}{20} =$

(6) $7\dfrac{1}{30} - 5\dfrac{7}{12} =$

(7) $5\dfrac{3}{14} - 2\dfrac{8}{21} =$

(8) $6\dfrac{1}{15} - 1\dfrac{9}{10} =$

(9) $9\dfrac{16}{21} - 4\dfrac{5}{6} =$

✱ 분수의 뺄셈을 하고, 답은 약분하여 기약분수로 나타내시오.

(1) $7\dfrac{1}{15} - 3\dfrac{5}{12} = 7\dfrac{4}{60} - 3\dfrac{25}{60}$

$= 6\dfrac{64}{60} - 3\dfrac{25}{60}$

$= 3\dfrac{39}{60} = 3\dfrac{13}{20}$

(2) $7\dfrac{3}{20} - 4\dfrac{11}{15} =$

(3) $7\dfrac{1}{6} - 2\dfrac{13}{15} =$

(4) $5\dfrac{10}{21} - 2\dfrac{9}{14} =$

(5) $8\dfrac{1}{6} - 3\dfrac{5}{14} =$

(6) $9\dfrac{1}{6} - 5\dfrac{8}{21} =$

(7) $6\dfrac{1}{10} - 2\dfrac{4}{15} =$

(8) $6\dfrac{4}{15} - 4\dfrac{7}{20} =$

(9) $7\dfrac{11}{30} - 2\dfrac{5}{12} =$

세 분수의 혼합 계산 1

세 분수의 덧셈과 뺄셈 (1)

월 일 이름

표준 완성 시간 5~6분

평가				
오답수	아주 잘함 : 0~2	잘함 : 3~4	보통 : 5~6	노력 바람 : 7~

부모 확인란

✲ 다음을 계산하시오.

(1) $\frac{3}{4}+\frac{1}{8}+\frac{2}{5}=\frac{30}{40}+\frac{5}{40}+\frac{16}{40}=\frac{51}{40}=1\frac{11}{40}$

(2) $\frac{3}{4}+\frac{1}{2}+\frac{1}{6}=$

(3) $\frac{3}{4}+\frac{3}{8}+\frac{3}{10}=$

(4) $\frac{7}{9}+\frac{1}{3}+\frac{1}{6}=$

(5) $\frac{5}{9}+\frac{1}{4}+\frac{1}{6}=$

(6) $\frac{1}{10}+\frac{1}{15}+\frac{5}{12}=$

(7) $\frac{3}{4}+\frac{3}{14}+\frac{3}{7}=$

(8) $\frac{5}{16}+\frac{1}{6}+\frac{5}{8}=$

(9) $\frac{1}{4}+\frac{1}{2}+\frac{3}{5}=$

(10) $\frac{4}{5}+\frac{1}{10}+\frac{1}{4}=$

(11) $\frac{8}{9}+\frac{1}{6}+\frac{5}{12}=$

(12) $\frac{5}{6}+\frac{1}{8}+\frac{1}{2}=$

(13) $\frac{7}{8}+\frac{1}{4}+\frac{1}{6}=$

(14) $\frac{3}{14}+\frac{1}{4}+\frac{3}{8}=$

(15) $\frac{9}{10}+\frac{1}{4}+\frac{2}{5}=$

(16) $\frac{1}{6}+\frac{5}{12}+\frac{1}{8}=$

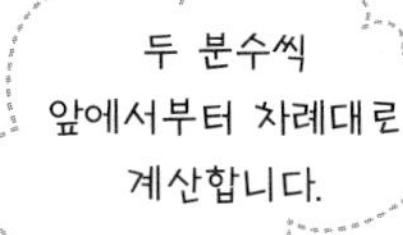

표준 완성 시간 5~6분

부모 확인란

평가	아주 잘함 : 0~2	잘함 : 3~4	보통 : 5~6	노력 바람 : 7~
오답수				

✻ 다음을 계산하시오.

(1) $\dfrac{2}{9} + \dfrac{3}{4} - \dfrac{1}{6} = \dfrac{8}{36} + \dfrac{27}{36} - \dfrac{6}{36} = \dfrac{29}{36}$

(2) $\dfrac{11}{12} + \dfrac{3}{16} - \dfrac{3}{8} =$

(3) $\dfrac{7}{15} + \dfrac{1}{10} - \dfrac{1}{12} =$

(4) $\dfrac{1}{4} + \dfrac{1}{2} - \dfrac{3}{26} =$

(5) $\dfrac{1}{21} + \dfrac{5}{14} - \dfrac{2}{7} =$

(6) $\dfrac{1}{11} + \dfrac{1}{4} - \dfrac{3}{22} =$

(7) $\dfrac{5}{16} + \dfrac{3}{4} - \dfrac{1}{6} =$

(8) $\dfrac{3}{25} + \dfrac{3}{5} - \dfrac{3}{10} =$

(9) $\dfrac{3}{22} + \dfrac{1}{2} - \dfrac{1}{4} =$

(10) $\dfrac{2}{15} + \dfrac{2}{3} - \dfrac{2}{9} =$

(11) $\dfrac{3}{16} + \dfrac{1}{2} - \dfrac{1}{6} =$

(12) $\dfrac{2}{3} + \dfrac{3}{14} - \dfrac{4}{21} =$

(13) $\dfrac{3}{4} + \dfrac{1}{6} - \dfrac{3}{8} =$

(14) $\dfrac{4}{27} + \dfrac{2}{3} - \dfrac{1}{6} =$

(15) $\dfrac{1}{9} + \dfrac{8}{27} - \dfrac{1}{18} =$

(16) $\dfrac{11}{12} + \dfrac{1}{6} - \dfrac{3}{8} =$

✱ 다음을 계산하시오.

(1) $\dfrac{7}{8} - \dfrac{1}{4} + \dfrac{1}{6} = \dfrac{21}{24} - \dfrac{6}{24} + \dfrac{4}{24} = \dfrac{19}{24}$

(2) $\dfrac{5}{6} - \dfrac{2}{3} + \dfrac{1}{16} =$

(3) $\dfrac{7}{8} - \dfrac{1}{3} + \dfrac{5}{12} =$

(4) $\dfrac{5}{12} - \dfrac{3}{16} + \dfrac{1}{24} =$

(5) $\dfrac{8}{9} - \dfrac{1}{6} + \dfrac{5}{12} =$

(6) $\dfrac{2}{3} - \dfrac{5}{12} + \dfrac{1}{30} =$

(7) $\dfrac{9}{10} - \dfrac{1}{4} + \dfrac{7}{30} =$

(8) $\dfrac{11}{14} - \dfrac{3}{8} + \dfrac{1}{4} =$

(9) $\dfrac{13}{14} - \dfrac{1}{4} + \dfrac{3}{7} =$

(10) $\dfrac{3}{4} - \dfrac{1}{8} + \dfrac{2}{5} =$

(11) $\dfrac{5}{9} - \dfrac{1}{4} + \dfrac{1}{6} =$

(12) $\dfrac{1}{2} - \dfrac{2}{15} + \dfrac{3}{20} =$

(13) $\dfrac{9}{10} - \dfrac{1}{4} + \dfrac{1}{3} =$

(14) $\dfrac{5}{8} - \dfrac{1}{4} + \dfrac{7}{12} =$

(15) $\dfrac{3}{5} - \dfrac{3}{25} + \dfrac{3}{10} =$

(16) $\dfrac{5}{14} - \dfrac{1}{21} + \dfrac{2}{7} =$

✽ 다음을 계산하시오.

(1) $\dfrac{2}{3} - \dfrac{2}{15} - \dfrac{3}{10} = \dfrac{20}{30} - \dfrac{4}{30} - \dfrac{9}{30} = \dfrac{7}{30}$

(2) $\dfrac{7}{10} - \dfrac{4}{15} - \dfrac{5}{12} =$

(3) $\dfrac{7}{12} - \dfrac{1}{4} - \dfrac{3}{16} =$

(4) $\dfrac{3}{4} - \dfrac{5}{8} - \dfrac{1}{14} =$

(5) $\dfrac{3}{4} - \dfrac{1}{15} - \dfrac{1}{6} =$

(6) $\dfrac{5}{8} - \dfrac{1}{2} - \dfrac{1}{14} =$

(7) $\dfrac{1}{2} - \dfrac{5}{12} - \dfrac{1}{16} =$

(8) $\dfrac{5}{9} - \dfrac{1}{15} - \dfrac{2}{5} =$

(9) $\dfrac{1}{2} - \dfrac{3}{22} - \dfrac{1}{4} =$

(10) $\dfrac{2}{3} - \dfrac{2}{15} - \dfrac{2}{9} =$

(11) $\dfrac{3}{8} - \dfrac{1}{6} - \dfrac{3}{16} =$

(12) $\dfrac{1}{4} - \dfrac{1}{11} - \dfrac{3}{22} =$

(13) $\dfrac{11}{14} - \dfrac{3}{8} - \dfrac{1}{4} =$

(14) $\dfrac{5}{12} - \dfrac{1}{16} - \dfrac{1}{3} =$

(15) $\dfrac{11}{12} - \dfrac{3}{16} - \dfrac{3}{8} =$

(16) $\dfrac{3}{5} - \dfrac{1}{30} - \dfrac{1}{4} =$

세 분수의
덧셈과 뺄셈 (5)

월 일 이름

표준 완성 시간 5~6분

부모 확인란

평가				
오답수	아주 잘함 : 0~2	잘함 : 3~4	보통 : 5~6	노력 바람 : 7~

✻ 다음을 계산하시오.

(1) $\dfrac{1}{6} + \dfrac{1}{3} + \dfrac{3}{10} = \dfrac{5}{30} + \dfrac{10}{30} + \dfrac{9}{30} = \dfrac{24}{30} = \dfrac{4}{5}$

(2) $\dfrac{5}{6} + \dfrac{2}{9} + \dfrac{1}{2} =$

(3) $\dfrac{4}{15} + \dfrac{9}{20} + \dfrac{1}{5} =$

(4) $\dfrac{1}{3} + \dfrac{5}{12} + \dfrac{7}{8} =$

(5) $\dfrac{2}{21} + \dfrac{13}{14} + \dfrac{5}{6} =$

(6) $\dfrac{1}{6} + \dfrac{1}{12} + \dfrac{7}{16} =$

(7) $\dfrac{11}{12} + \dfrac{3}{10} + \dfrac{1}{4} =$

(8) $\dfrac{2}{21} + \dfrac{9}{14} + \dfrac{1}{2} =$

(9) $\dfrac{5}{12} + \dfrac{3}{4} + \dfrac{7}{10} =$

(10) $\dfrac{9}{10} + \dfrac{1}{6} + \dfrac{2}{5} =$

(11) $\dfrac{1}{6} + \dfrac{7}{8} + \dfrac{1}{3} =$

(12) $\dfrac{1}{12} + \dfrac{3}{20} + \dfrac{7}{30} =$

(13) $\dfrac{1}{3} + \dfrac{1}{16} + \dfrac{5}{12} =$

(14) $\dfrac{3}{10} + \dfrac{2}{15} + \dfrac{2}{3} =$

(15) $\dfrac{1}{4} + \dfrac{7}{30} + \dfrac{1}{6} =$

(16) $\dfrac{7}{10} + \dfrac{1}{6} + \dfrac{4}{15} =$

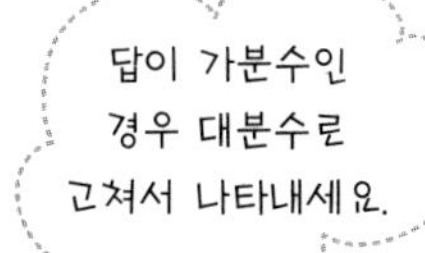

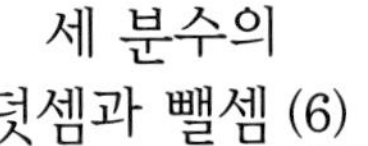

56회 세 분수의 혼합 계산 1

세 분수의 덧셈과 뺄셈 (6)

○월 ○일 이름

표준 완성 시간 5~6분

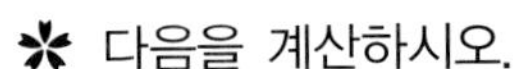

✽ 다음을 계산하시오.

(1) $\dfrac{1}{2} + \dfrac{5}{6} - \dfrac{4}{9} = \dfrac{9}{18} + \dfrac{15}{18} - \dfrac{8}{18} = \dfrac{16}{18} = \dfrac{8}{9}$

(2) $\dfrac{7}{12} + \dfrac{3}{4} - \dfrac{3}{10} =$

(3) $\dfrac{9}{14} + \dfrac{1}{2} - \dfrac{2}{21} =$

(4) $\dfrac{5}{6} + \dfrac{1}{2} - \dfrac{2}{27} =$

(5) $\dfrac{7}{15} + \dfrac{3}{20} - \dfrac{1}{6} =$

(6) $\dfrac{7}{10} + \dfrac{7}{15} - \dfrac{1}{12} =$

(7) $\dfrac{5}{6} + \dfrac{1}{4} - \dfrac{8}{15} =$

(8) $\dfrac{1}{6} + \dfrac{1}{16} - \dfrac{1}{24} =$

(9) $\dfrac{8}{15} + \dfrac{1}{6} - \dfrac{3}{10} =$

(10) $\dfrac{7}{10} + \dfrac{1}{2} - \dfrac{2}{25} =$

(11) $\dfrac{5}{7} + \dfrac{1}{6} - \dfrac{8}{21} =$

(12) $\dfrac{5}{6} + \dfrac{4}{15} - \dfrac{7}{10} =$

(13) $\dfrac{5}{6} + \dfrac{2}{21} - \dfrac{3}{14} =$

(14) $\dfrac{5}{12} + \dfrac{3}{16} - \dfrac{1}{24} =$

(15) $\dfrac{3}{4} + \dfrac{11}{30} - \dfrac{1}{6} =$

(16) $\dfrac{5}{6} + \dfrac{4}{21} - \dfrac{3}{14} =$

✖ 다음을 계산하시오.

(1) $\dfrac{7}{10} - \dfrac{1}{2} + \dfrac{2}{25} = \dfrac{35}{50} - \dfrac{25}{50} + \dfrac{4}{50} = \dfrac{14}{50} = \dfrac{7}{25}$

(2) $\dfrac{7}{15} - \dfrac{1}{4} + \dfrac{1}{30} =$

(3) $\dfrac{2}{3} - \dfrac{3}{14} + \dfrac{4}{21} =$

(4) $\dfrac{5}{6} - \dfrac{5}{18} + \dfrac{5}{27} =$

(5) $\dfrac{1}{2} - \dfrac{9}{10} + \dfrac{17}{25} =$

(6) $\dfrac{7}{12} - \dfrac{7}{30} + \dfrac{1}{4} =$

(7) $\dfrac{9}{14} - \dfrac{1}{2} + \dfrac{2}{21} =$

(8) $\dfrac{11}{12} - \dfrac{1}{6} + \dfrac{5}{8} =$

(9) $\dfrac{5}{6} - \dfrac{1}{2} + \dfrac{2}{27} =$

(10) $\dfrac{2}{3} - \dfrac{1}{6} + \dfrac{3}{10} =$

(11) $\dfrac{3}{16} - \dfrac{1}{24} + \dfrac{5}{12} =$

(12) $\dfrac{1}{2} - \dfrac{5}{18} + \dfrac{2}{27} =$

(13) $\dfrac{9}{20} - \dfrac{1}{30} + \dfrac{1}{6} =$

(14) $\dfrac{3}{4} - \dfrac{7}{30} + \dfrac{3}{20} =$

(15) $\dfrac{5}{12} - \dfrac{1}{16} + \dfrac{1}{3} =$

(16) $\dfrac{9}{20} - \dfrac{2}{5} + \dfrac{8}{15} =$

표준 완성 시간 5~6분

부모 확인란

평가				
오답수	아주 잘함 : 0~2	잘함 : 3~4	보통 : 5~6	노력 바람 : 7~

✴ 다음을 계산하시오.

(1) $\dfrac{5}{6} - \dfrac{1}{2} - \dfrac{2}{27} = \dfrac{45}{54} - \dfrac{27}{54} - \dfrac{4}{54} = \dfrac{14}{54} = \dfrac{7}{27}$

(2) $\dfrac{9}{10} - \dfrac{2}{5} - \dfrac{1}{6} =$

(3) $\dfrac{5}{6} - \dfrac{4}{21} - \dfrac{3}{14} =$

(4) $\dfrac{9}{14} - \dfrac{1}{2} - \dfrac{2}{21} =$

(5) $\dfrac{7}{12} - \dfrac{7}{30} - \dfrac{1}{4} =$

(6) $\dfrac{2}{5} - \dfrac{1}{20} - \dfrac{1}{12} =$

(7) $\dfrac{7}{10} - \dfrac{1}{2} - \dfrac{2}{25} =$

(8) $\dfrac{8}{15} - \dfrac{1}{3} - \dfrac{1}{20} =$

(9) $\dfrac{1}{6} - \dfrac{1}{24} - \dfrac{1}{16} =$

(10) $\dfrac{7}{10} - \dfrac{7}{15} - \dfrac{1}{12} =$

(11) $\dfrac{5}{7} - \dfrac{1}{6} - \dfrac{8}{21} =$

(12) $\dfrac{1}{2} - \dfrac{5}{18} - \dfrac{2}{27} =$

(13) $\dfrac{5}{6} - \dfrac{5}{27} - \dfrac{5}{18} =$

(14) $\dfrac{9}{20} - \dfrac{1}{4} - \dfrac{2}{15} =$

(15) $\dfrac{8}{15} - \dfrac{1}{12} - \dfrac{1}{4} =$

(16) $\dfrac{7}{16} - \dfrac{1}{12} - \dfrac{1}{6} =$

✹ 분수의 곱셈을 하시오.

(1) $\dfrac{2}{3} \times \dfrac{1}{5} = \dfrac{2\times1}{3\times5} = \dfrac{2}{15}$

(2) $\dfrac{3}{4} \times \dfrac{7}{8} =$

(3) $\dfrac{5}{9} \times \dfrac{5}{6} =$

(4) $\dfrac{5}{8} \times \dfrac{3}{8} =$

(5) $\dfrac{3}{4} \times \dfrac{3}{7} =$

(6) $\dfrac{5}{6} \times \dfrac{5}{7} =$

(7) $\dfrac{4}{7} \times \dfrac{2}{3} =$

(8) $\dfrac{3}{7} \times \dfrac{3}{5} =$

(9) $\dfrac{5}{8} \times \dfrac{7}{9} =$

(10) $\dfrac{3}{7} \times \dfrac{5}{8}$

(11) $\dfrac{2}{3} \times \dfrac{2}{9} =$

(12) $\dfrac{5}{6} \times \dfrac{5}{8} =$

(13) $\dfrac{5}{6} \times \dfrac{7}{9} =$

(14) $\dfrac{3}{8} \times \dfrac{3}{7} =$

(15) $\dfrac{4}{7} \times \dfrac{6}{7} =$

(16) $\dfrac{4}{5} \times \dfrac{7}{9} =$

(17) $\dfrac{6}{7} \times \dfrac{4}{5} =$

(18) $\dfrac{4}{7} \times \dfrac{3}{5} =$

(19) $\dfrac{3}{5} \times \dfrac{7}{8} =$

(20) $\dfrac{3}{7} \times \dfrac{4}{5} =$

(21) $\dfrac{7}{9} \times \dfrac{7}{8} =$

(22) $\dfrac{2}{3} \times \dfrac{4}{5} =$

(23) $\dfrac{4}{7} \times \dfrac{4}{9} =$

(24) $\dfrac{3}{8} \times \dfrac{3}{5} =$

(25) $\dfrac{4}{7} \times \dfrac{8}{9} =$

(26) $\dfrac{6}{7} \times \dfrac{3}{5} =$

(27) $\dfrac{7}{8} \times \dfrac{5}{6} =$

(28) $\dfrac{5}{7} \times \dfrac{8}{9} =$

(29) $\dfrac{8}{9} \times \dfrac{7}{9} =$

(30) $\dfrac{3}{4} \times \dfrac{5}{8} =$

✱ 분수의 곱셈을 하시오.

(1) $\dfrac{5}{6} \times \dfrac{5}{7} = \dfrac{5 \times 5}{6 \times 7} = \dfrac{25}{42}$

(2) $\dfrac{7}{9} \times \dfrac{8}{9} =$

(3) $\dfrac{3}{5} \times \dfrac{4}{5} =$

(4) $\dfrac{5}{8} \times \dfrac{5}{7} =$

(5) $\dfrac{7}{9} \times \dfrac{7}{8} =$

(6) $\dfrac{3}{8} \times \dfrac{7}{8} =$

(7) $\dfrac{4}{7} \times \dfrac{5}{9} =$

(8) $\dfrac{2}{5} \times \dfrac{4}{9} =$

(9) $\dfrac{7}{9} \times \dfrac{7}{9} =$

(10) $\dfrac{3}{4} \times \dfrac{7}{8} =$

(11) $\dfrac{5}{6} \times \dfrac{7}{9} =$

(12) $\dfrac{7}{9} \times \dfrac{4}{5} =$

(13) $\dfrac{7}{8} \times \dfrac{5}{8} =$

(14) $\dfrac{3}{4} \times \dfrac{5}{7} =$

(15) $\dfrac{5}{7} \times \dfrac{3}{7} =$

(16) $\dfrac{3}{4} \times \dfrac{3}{4} =$

(17) $\dfrac{2}{9} \times \dfrac{4}{5} =$

(18) $\dfrac{5}{7} \times \dfrac{4}{9} =$

(19) $\dfrac{3}{5} \times \dfrac{7}{8} =$

(20) $\dfrac{7}{8} \times \dfrac{5}{6} =$

(21) $\dfrac{4}{9} \times \dfrac{7}{9} =$

(22) $\dfrac{3}{5} \times \dfrac{4}{7} =$

(23) $\dfrac{5}{7} \times \dfrac{4}{7} =$

(24) $\dfrac{4}{5} \times \dfrac{8}{9} =$

(25) $\dfrac{7}{8} \times \dfrac{5}{9} =$

(26) $\dfrac{6}{7} \times \dfrac{2}{5} =$

(27) $\dfrac{5}{8} \times \dfrac{3}{4} =$

(28) $\dfrac{4}{7} \times \dfrac{4}{5} =$

(29) $\dfrac{4}{5} \times \dfrac{7}{9} =$

(30) $\dfrac{8}{9} \times \dfrac{4}{7} =$

61회 분수의 곱셈

가분수의 곱셈 (1)

○월 ○일 이름

평가				
오답수	아주 잘함 : 0~2	잘함 : 3~4	보통 : 5~6	노력 바람 : 7~

✽ 분수의 곱셈을 하시오. (계산 결과가 가분수이면 가분수 상태로 둡니다.)

(1) $\dfrac{5}{3} \times \dfrac{7}{4} = \dfrac{5\times7}{3\times4} = \dfrac{35}{12}$

(2) $\dfrac{8}{7} \times \dfrac{8}{3} =$

(3) $\dfrac{9}{4} \times \dfrac{5}{8} =$

(4) $\dfrac{5}{8} \times \dfrac{7}{4} =$

(5) $\dfrac{7}{3} \times \dfrac{7}{6} =$

(6) $\dfrac{5}{3} \times \dfrac{7}{6} =$

(7) $\dfrac{7}{6} \times \dfrac{7}{4} =$

(8) $\dfrac{9}{5} \times \dfrac{7}{8} =$

(9) $\dfrac{5}{7} \times \dfrac{9}{4} =$

(10) $\dfrac{7}{4} \times \dfrac{9}{8} =$

(11) $\dfrac{9}{4} \times \dfrac{7}{5} =$

(12) $\dfrac{7}{2} \times \dfrac{7}{3} =$

(13) $\dfrac{8}{9} \times \dfrac{8}{7} =$

(14) $\dfrac{6}{7} \times \dfrac{9}{7} =$

(15) $\dfrac{9}{8} \times \dfrac{9}{5} =$

(16) $\dfrac{9}{4} \times \dfrac{3}{5} =$

(17) $\dfrac{3}{5} \times \dfrac{7}{4} =$

(18) $\dfrac{7}{9} \times \dfrac{7}{5} =$

(19) $\dfrac{8}{5} \times \dfrac{9}{7} =$

(20) $\dfrac{9}{7} \times \dfrac{9}{5} =$

(21) $\dfrac{6}{5} \times \dfrac{8}{7} =$

(22) $\dfrac{8}{3} \times \dfrac{5}{7} =$

(23) $\dfrac{4}{3} \times \dfrac{8}{7} =$

(24) $\dfrac{7}{4} \times \dfrac{5}{2} =$

(25) $\dfrac{9}{7} \times \dfrac{9}{8} =$

(26) $\dfrac{8}{5} \times \dfrac{7}{3} =$

(27) $\dfrac{5}{6} \times \dfrac{7}{4} =$

(28) $\dfrac{8}{7} \times \dfrac{9}{7} =$

(29) $\dfrac{9}{8} \times \dfrac{9}{4} =$

(30) $\dfrac{9}{5} \times \dfrac{6}{7} =$

평 가				
오답수	아주 잘함 : 0~1	잘함 : 2~3	보통 : 4~5	노력 바람 : 6~

✻ 분수의 곱셈을 하시오. (답은 대분수로 고치시오.)

(1) $\dfrac{5}{7} \times \dfrac{9}{4} = \dfrac{5 \times 9}{7 \times 4} = \dfrac{45}{28} = 1\dfrac{17}{28}$

(2) $\dfrac{3}{5} \times \dfrac{7}{4} =$

(3) $\dfrac{9}{8} \times \dfrac{9}{4} =$

(4) $\dfrac{5}{3} \times \dfrac{8}{7} =$

(5) $\dfrac{8}{9} \times \dfrac{7}{5} =$

(6) $\dfrac{7}{5} \times \dfrac{9}{8} =$

(7) $\dfrac{8}{7} \times \dfrac{9}{5} =$

(8) $\dfrac{7}{4} \times \dfrac{5}{8} =$

(9) $\dfrac{9}{7} \times \dfrac{8}{7} =$

(10) $\dfrac{8}{7} \times \dfrac{8}{5} =$

(11) $\dfrac{3}{5} \times \dfrac{9}{4} =$

(12) $\dfrac{4}{7} \times \dfrac{9}{5} =$

(13) $\dfrac{7}{8} \times \dfrac{7}{5} =$

(14) $\dfrac{8}{7} \times \dfrac{6}{5} =$

(15) $\dfrac{7}{8} \times \dfrac{9}{4} =$

(16) $\dfrac{9}{7} \times \dfrac{6}{7} =$

(17) $\dfrac{7}{3} \times \dfrac{5}{2} =$

(18) $\dfrac{9}{5} \times \dfrac{3}{4} =$

(19) $\dfrac{5}{4} \times \dfrac{7}{6} =$

(20) $\dfrac{7}{6} \times \dfrac{7}{5} =$

분수의 곱셈

약분이 있는 분수의 곱셈(1) 　월 　일 이름

표준 완성 시간 4~5분

평가				
오답수	아주 잘함 : 0~1	잘함 : 2~3	보통 : 4~5	노력 바람 : 6~

부모 확인란

✲ 약분에 주의해서 다음을 계산하시오.

(1) $\frac{5}{9}\times\frac{3}{4}=\frac{5\times \overset{1}{\cancel{3}}}{\underset{3}{\cancel{9}}\times 4}=\frac{5}{12}$

(2) $\frac{6}{7}\times\frac{3}{8}=$

(3) $\frac{3}{4}\times\frac{7}{9}=$

(4) $\frac{8}{9}\times\frac{5}{6}=$

(5) $\frac{3}{8}\times\frac{5}{9}=$

(6) $\frac{5}{4}\times\frac{3}{5}=$

(7) $\frac{7}{10}\times\frac{8}{9}=$

(8) $\frac{7}{12}\times\frac{8}{15}=$

(9) $\frac{3}{8}\times\frac{5}{6}=$

(10) $\frac{3}{4}\times\frac{5}{6}=$

(11) $\frac{4}{7}\times\frac{1}{8}=$

(12) $\frac{6}{7}\times\frac{3}{4}=$

(13) $\frac{4}{9}\times\frac{3}{5}=$

(14) $\frac{5}{6}\times\frac{6}{7}=$

(15) $\frac{3}{10}\times\frac{7}{12}=$

(16) $\frac{5}{12}\times\frac{8}{9}=$

(17) $\frac{7}{9}\times\frac{3}{8}=$

(18) $\frac{3}{5}\times\frac{7}{9}=$

(19) $\frac{4}{5}\times\frac{3}{8}=$

(20) $\frac{5}{8}\times\frac{2}{3}=$

(21) $\frac{7}{9}\times\frac{3}{10}=$

(22) $\frac{4}{7}\times\frac{3}{4}=$

(23) $\frac{4}{15}\times\frac{7}{12}=$

(24) $\frac{9}{10}\times\frac{7}{12}=$

✖ 약분에 주의해서 다음을 계산하시오. (계산 결과가 가분수이면 가분수 상태로 둡니다.)

(1) $\dfrac{4}{9} \times \dfrac{3}{8} = \dfrac{4 \times 3}{9 \times 8} = \dfrac{1}{6}$

(2) $\dfrac{6}{5} \times \dfrac{5}{9} =$

(3) $\dfrac{7}{8} \times \dfrac{6}{7} =$

(4) $\dfrac{5}{6} \times \dfrac{4}{15} =$

(5) $\dfrac{8}{9} \times \dfrac{3}{10} =$

(6) $\dfrac{3}{10} \times \dfrac{5}{12} =$

(7) $\dfrac{5}{12} \times \dfrac{4}{15} =$

(8) $\dfrac{16}{15} \times \dfrac{5}{12} =$

(9) $\dfrac{7}{8} \times \dfrac{4}{7} =$

(10) $\dfrac{9}{8} \times \dfrac{10}{9} =$

(11) $\dfrac{5}{9} \times \dfrac{3}{5} =$

(12) $\dfrac{4}{5} \times \dfrac{5}{8} =$

(13) $\dfrac{5}{8} \times \dfrac{6}{5} =$

(14) $\dfrac{8}{9} \times \dfrac{9}{10} =$

(15) $\dfrac{9}{10} \times \dfrac{5}{12} =$

(16) $\dfrac{8}{15} \times \dfrac{5}{12} =$

(17) $\dfrac{3}{5} \times \dfrac{5}{6} =$

(18) $\dfrac{10}{9} \times \dfrac{6}{5} =$

(19) $\dfrac{12}{7} \times \dfrac{7}{8} =$

(20) $\dfrac{7}{8} \times \dfrac{10}{7} =$

(21) $\dfrac{4}{9} \times \dfrac{3}{10} =$

(22) $\dfrac{9}{10} \times \dfrac{8}{15} =$

(23) $\dfrac{4}{15} \times \dfrac{9}{10} =$

(24) $\dfrac{9}{10} \times \dfrac{4}{9} =$

✲ 약분에 주의해서 다음을 계산하시오. (계산 결과가 가분수이면 가분수 상태로 둡니다.)

(1) $\dfrac{3}{8} \times \dfrac{4}{21} = \dfrac{3 \times 4}{8 \times 21} = \dfrac{1}{14}$

(2) $\dfrac{14}{15} \times \dfrac{5}{8} =$

(3) $\dfrac{18}{25} \times \dfrac{5}{6} =$

(4) $\dfrac{5}{6} \times \dfrac{8}{15} =$

(5) $\dfrac{10}{7} \times \dfrac{21}{25} =$

(6) $\dfrac{8}{15} \times \dfrac{9}{4} =$

(7) $\dfrac{6}{7} \times \dfrac{14}{15} =$

(8) $\dfrac{25}{12} \times \dfrac{16}{5} =$

(9) $\dfrac{4}{7} \times \dfrac{21}{22} =$

(10) $\dfrac{8}{21} \times \dfrac{9}{10} =$

(11) $\dfrac{14}{15} \times \dfrac{25}{8} =$

(12) $\dfrac{20}{21} \times \dfrac{7}{8} =$

(13) $\dfrac{10}{3} \times \dfrac{9}{14} =$

(14) $\dfrac{15}{7} \times \dfrac{21}{10} =$

(15) $\dfrac{8}{9} \times \dfrac{15}{28} =$

(16) $\dfrac{9}{10} \times \dfrac{4}{21} =$

(17) $\dfrac{20}{21} \times \dfrac{5}{8} =$

(18) $\dfrac{5}{8} \times \dfrac{12}{25} =$

(19) $\dfrac{15}{22} \times \dfrac{8}{9} =$

(20) $\dfrac{10}{21} \times \dfrac{15}{16} =$

(21) $\dfrac{12}{5} \times \dfrac{15}{16} =$

(22) $\dfrac{10}{21} \times \dfrac{9}{14} =$

(23) $\dfrac{16}{15} \times \dfrac{25}{6} =$

(24) $\dfrac{9}{10} \times \dfrac{14}{15} =$

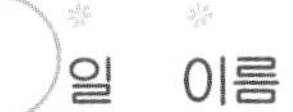

분수의 곱셈

약분이 있는 분수의 곱셈 (4)   월   일   이름

표준 완성 시간 4~5분

평가				
오답수	아주 잘함 : 0~1	잘함 : 2~3	보통 : 4~5	노력 바람 : 6~

부모 확인란

✱ 약분에 주의해서 다음을 계산하시오. (계산 결과가 가분수이면 가분수 상태로 둡니다.)

(1) $\frac{16}{21}\times\frac{9}{20}=\frac{\overset{4}{\cancel{16}}\times\overset{3}{\cancel{9}}}{\underset{7}{\cancel{21}}\times\underset{5}{\cancel{20}}}=\frac{12}{35}$

(2) $\frac{15}{16}\times\frac{28}{9}=$

(3) $\frac{16}{9}\times\frac{21}{20}=$

(4) $\frac{10}{21}\times\frac{15}{14}=$

(5) $\frac{9}{10}\times\frac{16}{15}=$

(6) $\frac{4}{9}\times\frac{21}{22}=$

(7) $\frac{21}{10}\times\frac{8}{9}=$

(8) $\frac{25}{21}\times\frac{14}{15}=$

(9) $\frac{21}{22}\times\frac{10}{9}=$

(10) $\frac{15}{8}\times\frac{10}{21}=$

(11) $\frac{15}{8}\times\frac{14}{9}=$

(12) $\frac{25}{24}\times\frac{16}{15}=$

(13) $\frac{15}{28}\times\frac{16}{25}=$

(14) $\frac{9}{10}\times\frac{25}{12}=$

(15) $\frac{4}{9}\times\frac{15}{26}=$

(16) $\frac{16}{15}\times\frac{21}{22}=$

(17) $\frac{20}{27}\times\frac{21}{16}=$

(18) $\frac{12}{25}\times\frac{10}{27}=$

(19) $\frac{10}{27}\times\frac{15}{16}=$

(20) $\frac{20}{21}\times\frac{14}{25}=$

(21) $\frac{15}{14}\times\frac{21}{20}=$

(22) $\frac{20}{21}\times\frac{15}{28}=$

(23) $\frac{7}{15}\times\frac{25}{14}=$

(24) $\frac{20}{21}\times\frac{9}{16}=$

약분이 있는 분수의 곱셈(5)     월   일 이름

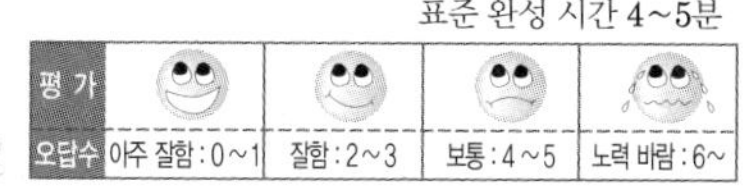

✽ 약분에 주의해서 다음을 계산하시오. (계산 결과가 가분수이면 가분수 상태로 둡니다.)

(1) $\dfrac{8}{9} \times \dfrac{21}{10} = \dfrac{8 \times 21}{9 \times 10} = \dfrac{28}{15}$

(2) $\dfrac{20}{9} \times \dfrac{21}{16} =$

(3) $\dfrac{15}{22} \times \dfrac{8}{25} =$

(4) $\dfrac{15}{16} \times \dfrac{28}{9} =$

(5) $\dfrac{21}{20} \times \dfrac{25}{9} =$

(6) $\dfrac{10}{21} \times \dfrac{9}{14} =$

(7) $\dfrac{14}{25} \times \dfrac{15}{16} =$

(8) $\dfrac{21}{25} \times \dfrac{15}{14} =$

(9) $\dfrac{10}{9} \times \dfrac{15}{14} =$

(10) $\dfrac{21}{20} \times \dfrac{35}{3} =$

(11) $\dfrac{28}{15} \times \dfrac{9}{16} =$

(12) $\dfrac{10}{21} \times \dfrac{35}{8} =$

(13) $\dfrac{9}{14} \times \dfrac{16}{15} =$

(14) $\dfrac{20}{21} \times \dfrac{14}{15} =$

(15) $\dfrac{15}{16} \times \dfrac{20}{9} =$

(16) $\dfrac{22}{21} \times \dfrac{15}{16} =$

(17) $\dfrac{21}{20} \times \dfrac{16}{15} =$

(18) $\dfrac{15}{28} \times \dfrac{35}{9} =$

(19) $\dfrac{21}{16} \times \dfrac{28}{27} =$

(20) $\dfrac{25}{6} \times \dfrac{8}{15} =$

(21) $\dfrac{15}{14} \times \dfrac{16}{25} =$

(22) $\dfrac{18}{25} \times \dfrac{20}{27} =$

(23) $\dfrac{20}{27} \times \dfrac{21}{25} =$

(24) $\dfrac{25}{21} \times \dfrac{9}{20} =$

68회 분수의 곱셈 약분이 있는 분수의 곱셈 (6) ○ 월 ○ 일 이름

평가	😀	😐	😟	😫
오답수	아주 잘함 : 0~1	잘함 : 2~3	보통 : 4~5	노력 바람 : 6~

부모 확인란

✽ 약분에 주의해서 다음을 계산하시오. (답은 대분수로 고치시오.)

(1) $\dfrac{14}{9} \times \dfrac{15}{8} = \dfrac{14 \times 15}{9 \times 8} = \dfrac{35}{12} = 2\dfrac{11}{12}$

(2) $\dfrac{7}{6} \times \dfrac{9}{8} =$

(3) $\dfrac{14}{15} \times \dfrac{25}{8} =$

(4) $\dfrac{16}{15} \times \dfrac{25}{12} =$

(5) $\dfrac{10}{21} \times \dfrac{9}{4} =$

(6) $\dfrac{9}{8} \times \dfrac{10}{7} =$

(7) $\dfrac{21}{16} \times \dfrac{10}{9} =$

(8) $\dfrac{5}{8} \times \dfrac{6}{7} =$

(9) $\dfrac{5}{7} \times \dfrac{21}{25} =$

(10) $\dfrac{14}{15} \times \dfrac{8}{21} =$

(11) $\dfrac{8}{15} \times \dfrac{25}{12} =$

(12) $\dfrac{7}{4} \times \dfrac{6}{5} =$

(13) $\dfrac{6}{11} \times \dfrac{11}{15} =$

(14) $\dfrac{8}{7} \times \dfrac{10}{9} =$

(15) $\dfrac{5}{8} \times \dfrac{10}{3} =$

(16) $\dfrac{20}{9} \times \dfrac{12}{25} =$

69회　**분수의 곱셈**　약분이 있는 분수의 곱셈 (7)　　월　일　이름

✽ 약분에 주의해서 다음을 계산하시오. (답은 대분수로 고치시오.)

(1) $\dfrac{15}{4} \times \dfrac{10}{9} = \dfrac{15 \times 10}{4 \times 9} = \dfrac{25}{6} = 4\dfrac{1}{6}$

(2) $\dfrac{6}{7} \times \dfrac{4}{15} =$

(3) $\dfrac{10}{9} \times \dfrac{8}{15} =$

(4) $\dfrac{9}{10} \times \dfrac{15}{6} =$

(5) $\dfrac{15}{16} \times \dfrac{14}{9} =$

(6) $\dfrac{9}{8} \times \dfrac{28}{15} =$

(7) $\dfrac{4}{21} \times \dfrac{9}{10} =$

(8) $\dfrac{16}{15} \times \dfrac{25}{12} =$

(9) $\dfrac{5}{6} \times \dfrac{32}{45} =$

(10) $\dfrac{35}{6} \times \dfrac{8}{21} =$

(11) $\dfrac{9}{7} \times \dfrac{10}{3} =$

(12) $\dfrac{12}{35} \times \dfrac{25}{9} =$

(13) $\dfrac{7}{9} \times \dfrac{12}{7} =$

(14) $\dfrac{16}{15} \times \dfrac{25}{6} =$

(15) $\dfrac{7}{6} \times \dfrac{15}{8} =$

(16) $\dfrac{4}{15} \times \dfrac{25}{6} =$

분수의 나눗셈

(진분수)÷(가분수) (1)

월 일 이름

표준 완성 시간 4~5분

평가					부모 확인란
오답수	아주 잘함 : 0~2	잘함 : 3~4	보통 : 5~6	노력 바람 : 7~	

✲ 분수의 나눗셈을 하시오.

(1) $\frac{2}{3} \div \frac{9}{2} = \frac{2 \times 2}{3 \times 9} = \frac{4}{27}$

(2) $\frac{5}{6} \div \frac{8}{5} =$

(3) $\frac{4}{7} \div \frac{3}{2} =$

(4) $\frac{5}{8} \div \frac{8}{3} =$

(5) $\frac{5}{9} \div \frac{6}{5} =$

(6) $\frac{4}{7} \div \frac{5}{3} =$

(7) $\frac{3}{5} \div \frac{8}{7} =$

(8) $\frac{3}{4} \div \frac{8}{5} =$

(9) $\frac{4}{7} \div \frac{7}{6} =$

(10) $\frac{3}{8} \div \frac{7}{3} =$

(11) $\frac{3}{7} \div \frac{5}{3} =$

(12) $\frac{3}{4} \div \frac{8}{7} =$

(13) $\frac{4}{5} \div \frac{9}{7} =$

(14) $\frac{5}{6} \div \frac{9}{7} =$

(15) $\frac{6}{7} \div \frac{5}{3} =$

(16) $\frac{8}{9} \div \frac{9}{7} =$

(17) $\frac{5}{7} \div \frac{9}{8} =$

(18) $\frac{4}{7} \div \frac{9}{4} =$

(19) $\frac{3}{8} \div \frac{5}{3} =$

(20) $\frac{3}{7} \div \frac{8}{5} =$

(21) $\frac{7}{8} \div \frac{6}{5} =$

(22) $\frac{6}{7} \div \frac{5}{4} =$

(23) $\frac{7}{9} \div \frac{8}{7} =$

(24) $\frac{3}{5} \div \frac{7}{4} =$

(25) $\frac{5}{8} \div \frac{9}{7} =$

(26) $\frac{2}{3} \div \frac{5}{4} =$

(27) $\frac{4}{7} \div \frac{9}{8} =$

(28) $\frac{5}{7} \div \frac{6}{5} =$

(29) $\frac{2}{3} \div \frac{5}{2} =$

(30) $\frac{3}{4} \div \frac{7}{3} =$

✲ 분수의 나눗셈을 하시오.

(1) $\dfrac{4}{5} \div \dfrac{9}{8} = \dfrac{4 \times 8}{5 \times 9} = \dfrac{32}{45}$

(2) $\dfrac{3}{4} \div \dfrac{8}{5} =$

(3) $\dfrac{4}{7} \div \dfrac{9}{5} =$

(4) $\dfrac{5}{6} \div \dfrac{7}{5} =$

(5) $\dfrac{7}{9} \div \dfrac{9}{5} =$

(6) $\dfrac{3}{4} \div \dfrac{8}{3} =$

(7) $\dfrac{5}{6} \div \dfrac{6}{5} =$

(8) $\dfrac{2}{5} \div \dfrac{9}{4} =$

(9) $\dfrac{4}{7} \div \dfrac{5}{4} =$

(10) $\dfrac{5}{8} \div \dfrac{7}{5} =$

(11) $\dfrac{3}{5} \div \dfrac{8}{7} =$

(12) $\dfrac{5}{8} \div \dfrac{9}{7} =$

(13) $\dfrac{5}{7} \div \dfrac{7}{4} =$

(14) $\dfrac{7}{9} \div \dfrac{8}{7} =$

(15) $\dfrac{4}{5} \div \dfrac{9}{7} =$

(16) $\dfrac{3}{7} \div \dfrac{7}{6} =$

(17) $\dfrac{2}{9} \div \dfrac{5}{4} =$

(18) $\dfrac{5}{9} \div \dfrac{7}{4} =$

(19) $\dfrac{5}{8} \div \dfrac{8}{7} =$

(20) $\dfrac{6}{7} \div \dfrac{5}{2} =$

(21) $\dfrac{3}{5} \div \dfrac{5}{4} =$

(22) $\dfrac{4}{7} \div \dfrac{5}{3} =$

(23) $\dfrac{7}{9} \div \dfrac{9}{4} =$

(24) $\dfrac{7}{8} \div \dfrac{4}{3} =$

(25) $\dfrac{7}{8} \div \dfrac{8}{3} =$

(26) $\dfrac{4}{9} \div \dfrac{9}{8} =$

(27) $\dfrac{5}{6} \div \dfrac{9}{7} =$

(28) $\dfrac{7}{9} \div \dfrac{9}{7} =$

(29) $\dfrac{3}{4} \div \dfrac{4}{3} =$

(30) $\dfrac{7}{8} \div \dfrac{9}{5} =$

72회  분수의 나눗셈

(가분수)÷(진분수) (1) 　월　일　이름

✻ 분수의 나눗셈을 하시오. (계산 결과가 가분수이면 가분수 상태로 둡니다.)

(1) $\dfrac{7}{5} \div \dfrac{2}{9} = \dfrac{7 \times 9}{5 \times 2} = \dfrac{63}{10}$

(2) $\dfrac{9}{5} \div \dfrac{7}{6} =$

(3) $\dfrac{8}{3} \div \dfrac{1}{5} =$

(4) $\dfrac{7}{2} \div \dfrac{3}{7} =$

(5) $\dfrac{9}{8} \div \dfrac{2}{9} =$

(6) $\dfrac{7}{5} \div \dfrac{4}{9} =$

(7) $\dfrac{7}{4} \div \dfrac{3}{7} =$

(8) $\dfrac{9}{7} \div \dfrac{5}{9} =$

(9) $\dfrac{9}{8} \div \dfrac{5}{9} =$

(10) $\dfrac{9}{4} \div \dfrac{5}{7} =$

(11) $\dfrac{7}{4} \div \dfrac{2}{3} =$

(12) $\dfrac{9}{8} \div \dfrac{7}{9} =$

(13) $\dfrac{9}{4} \div \dfrac{2}{3} =$

(14) $\dfrac{6}{5} \div \dfrac{7}{8} =$

(15) $\dfrac{7}{8} \div \dfrac{5}{9} =$

(16) $\dfrac{7}{2} \div \dfrac{6}{7} =$

(17) $\dfrac{7}{6} \div \dfrac{3}{7} =$

(18) $\dfrac{7}{4} \div \dfrac{6}{7} =$

(19) $\dfrac{8}{3} \div \dfrac{7}{8} =$

(20) $\dfrac{9}{8} \div \dfrac{4}{7} =$

(21) $\dfrac{9}{7} \div \dfrac{2}{5} =$

(22) $\dfrac{9}{8} \div \dfrac{2}{7} =$

(23) $\dfrac{4}{3} \div \dfrac{7}{8} =$

(24) $\dfrac{9}{7} \div \dfrac{7}{8} =$

(25) $\dfrac{7}{3} \div \dfrac{5}{8} =$

(26) $\dfrac{9}{7} \div \dfrac{5}{8} =$

(27) $\dfrac{7}{6} \div \dfrac{3}{5} =$

(28) $\dfrac{9}{4} \div \dfrac{1}{5} =$

(29) $\dfrac{8}{7} \div \dfrac{7}{9} =$

(30) $\dfrac{7}{4} \div \dfrac{3}{5} =$

월 일 이름

표준 완성 시간 4~5분

평가				
오답수	아주 잘함 : 0~2	잘함 : 3~4	보통 : 5~6	노력 바람 : 7~

부모 확인란

✲ 분수의 나눗셈을 하시오. (계산 결과가 가분수이면 가분수 상태로 둡니다.)

(1) $\frac{9}{4} \div \frac{2}{7} = \frac{9 \times 7}{4 \times 2} = \frac{63}{8}$

(2) $\frac{9}{7} \div \frac{7}{8} =$

(3) $\frac{9}{4} \div \frac{1}{3} =$

(4) $\frac{9}{7} \div \frac{7}{6} =$

(5) $\frac{7}{5} \div \frac{3}{7} =$

(6) $\frac{8}{7} \div \frac{3}{5} =$

(7) $\frac{8}{5} \div \frac{7}{8} =$

(8) $\frac{7}{6} \div \frac{4}{7} =$

(9) $\frac{9}{4} \div \frac{8}{9} =$

(10) $\frac{7}{5} \div \frac{8}{9} =$

(11) $\frac{9}{8} \div \frac{8}{9} =$

(12) $\frac{9}{5} \div \frac{5}{6} =$

(13) $\frac{7}{5} \div \frac{3}{8} =$

(14) $\frac{5}{4} \div \frac{4}{9} =$

(15) $\frac{9}{5} \div \frac{7}{8} =$

(16) $\frac{6}{5} \div \frac{7}{8} =$

(17) $\frac{9}{7} \div \frac{7}{9} =$

(18) $\frac{7}{3} \div \frac{2}{5} =$

(19) $\frac{7}{6} \div \frac{4}{5} =$

(20) $\frac{9}{7} \div \frac{5}{9} =$

(21) $\frac{7}{5} \div \frac{6}{7} =$

(22) $\frac{5}{3} \div \frac{4}{7} =$

(23) $\frac{7}{3} \div \frac{4}{7} =$

(24) $\frac{7}{4} \div \frac{2}{5} =$

(25) $\frac{8}{7} \div \frac{5}{9} =$

(26) $\frac{7}{6} \div \frac{2}{5} =$

(27) $\frac{9}{5} \div \frac{1}{3} =$

(28) $\frac{7}{5} \div \frac{1}{7} =$

(29) $\frac{9}{5} \div \frac{4}{7} =$

(30) $\frac{7}{4} \div \frac{5}{7} =$

분수의 나눗셈

약분이 있는 분수의 나눗셈 (1)

월 일 이름

표준 완성 시간 4~5분

평가				
오답수	아주 잘함 : 0~1	잘함 : 2~3	보통 : 4~5	노력 바람 : 6~

부모 확인란

✽ 약분에 주의해서 다음을 계산하시오.

(1) $\frac{3}{5} \div \frac{9}{7} = \frac{\overset{1}{\cancel{3}} \times 7}{5 \times \underset{3}{\cancel{9}}} = \frac{7}{15}$

(2) $\frac{6}{7} \div \frac{6}{5} =$

(3) $\frac{2}{3} \div \frac{8}{5} =$

(4) $\frac{7}{9} \div \frac{10}{3} =$

(5) $\frac{5}{6} \div \frac{9}{8} =$

(6) $\frac{4}{9} \div \frac{5}{3} =$

(7) $\frac{3}{10} \div \frac{12}{7} =$

(8) $\frac{7}{12} \div \frac{15}{4} =$

(9) $\frac{5}{9} \div \frac{4}{3} =$

(10) $\frac{5}{6} \div \frac{8}{3} =$

(11) $\frac{4}{7} \div \frac{4}{3} =$

(12) $\frac{3}{8} \div \frac{7}{6} =$

(13) $\frac{5}{9} \div \frac{8}{3} =$

(14) $\frac{3}{4} \div \frac{6}{5} =$

(15) $\frac{8}{15} \div \frac{12}{7} =$

(16) $\frac{7}{12} \div \frac{10}{9} =$

(17) $\frac{3}{4} \div \frac{9}{7} =$

(18) $\frac{3}{8} \div \frac{7}{4} =$

(19) $\frac{3}{5} \div \frac{4}{5} =$

(20) $\frac{7}{9} \div \frac{8}{3} =$

(21) $\frac{6}{7} \div \frac{4}{3} =$

(22) $\frac{3}{8} \div \frac{5}{4} =$

(23) $\frac{8}{9} \div \frac{12}{5} =$

(24) $\frac{7}{10} \div \frac{9}{8} =$

✻ 약분에 주의해서 다음을 계산하시오.

(1) $\dfrac{6}{5} \div \dfrac{9}{5} = \dfrac{6 \times 5}{5 \times 9} = \dfrac{2}{3}$

(2) $\dfrac{4}{7} \div \dfrac{8}{7} =$

(3) $\dfrac{5}{8} \div \dfrac{5}{4} =$

(4) $\dfrac{3}{7} \div \dfrac{9}{14} =$

(5) $\dfrac{4}{9} \div \dfrac{10}{3} =$

(6) $\dfrac{9}{10} \div \dfrac{9}{4} =$

(7) $\dfrac{5}{12} \div \dfrac{15}{8} =$

(8) $\dfrac{5}{12} \div \dfrac{15}{4} =$

(9) $\dfrac{5}{6} \div \dfrac{15}{4} =$

(10) $\dfrac{8}{9} \div \dfrac{10}{3} =$

(11) $\dfrac{3}{8} \div \dfrac{9}{4} =$

(12) $\dfrac{3}{5} \div \dfrac{9}{5} =$

(13) $\dfrac{9}{8} \div \dfrac{3}{2} =$

(14) $\dfrac{7}{8} \div \dfrac{7}{6} =$

(15) $\dfrac{8}{9} \div \dfrac{10}{9} =$

(16) $\dfrac{8}{15} \div \dfrac{10}{9} =$

(17) $\dfrac{3}{5} \div \dfrac{6}{5} =$

(18) $\dfrac{7}{8} \div \dfrac{21}{10} =$

(19) $\dfrac{5}{12} \div \dfrac{10}{9} =$

(20) $\dfrac{10}{9} \div \dfrac{25}{6} =$

(21) $\dfrac{5}{12} \div \dfrac{10}{3} =$

(22) $\dfrac{7}{12} \div \dfrac{14}{3} =$

(23) $\dfrac{4}{15} \div \dfrac{10}{9} =$

(24) $\dfrac{7}{8} \div \dfrac{35}{12} =$

분수의 나눗셈

약분이 있는 분수의 나눗셈 (3) 월 일 이름

표준 완성 시간 4~5분

평가				
오답수	아주 잘함 : 0~1	잘함 : 2~3	보통 : 4~5	노력 바람 : 6~

부모 확인란

✽ 약분에 주의해서 다음을 계산하시오. (계산 결과가 가분수이면 가분수 상태로 둡니다.)

(1) $\frac{4}{3} \div \frac{8}{15} = \frac{\overset{1}{\cancel{4}} \times \overset{5}{\cancel{15}}}{\underset{1}{\cancel{3}} \times \underset{2}{\cancel{8}}} = \frac{5}{2}$

(2) $\frac{25}{6} \div \frac{15}{16} =$

(3) $\frac{4}{21} \div \frac{8}{3} =$

(4) $\frac{9}{10} \div \frac{21}{8} =$

(5) $\frac{8}{15} \div \frac{6}{5} =$

(6) $\frac{14}{15} \div \frac{8}{5} =$

(7) $\frac{20}{21} \div \frac{8}{15} =$

(8) $\frac{9}{14} \div \frac{27}{10} =$

(9) $\frac{15}{22} \div \frac{9}{8} =$

(10) $\frac{6}{7} \div \frac{15}{14} =$

(11) $\frac{4}{7} \div \frac{22}{21} =$

(12) $\frac{20}{21} \div \frac{8}{7} =$

(13) $\frac{15}{28} \div \frac{9}{8} =$

(14) $\frac{15}{7} \div \frac{10}{21} =$

(15) $\frac{5}{6} \div \frac{25}{18} =$

(16) $\frac{9}{10} \div \frac{15}{14} =$

(17) $\frac{10}{3} \div \frac{14}{9} =$

(18) $\frac{5}{8} \div \frac{35}{12} =$

(19) $\frac{4}{21} \div \frac{10}{9} =$

(20) $\frac{16}{5} \div \frac{12}{25} =$

(21) $\frac{14}{15} \div \frac{16}{25} =$

(22) $\frac{15}{16} \div \frac{5}{12} =$

(23) $\frac{10}{21} \div \frac{16}{15} =$

(24) $\frac{21}{25} \div \frac{7}{10} =$

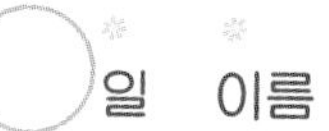

표준 완성 시간 4~5분　부모 확인란

평가	😄	🙂	😐	😫
오답수	아주 잘함 : 0~1	잘함 : 2~3	보통 : 4~5	노력 바람 : 6~

✱ 약분에 주의해서 다음을 계산하시오. (계산 결과가 가분수이면 가분수 상태로 둡니다.)

(1) $\dfrac{25}{14} \div \dfrac{15}{7} = \dfrac{25 \times 7}{14 \times 15} = \dfrac{5}{6}$

(2) $\dfrac{9}{20} \div \dfrac{21}{5} =$

(3) $\dfrac{40}{9} \div \dfrac{25}{12} =$

(4) $\dfrac{21}{8} \div \dfrac{15}{16} =$

(5) $\dfrac{4}{9} \div \dfrac{22}{21} =$

(6) $\dfrac{27}{14} \div \dfrac{9}{26} =$

(7) $\dfrac{10}{21} \div \dfrac{8}{15} =$

(8) $\dfrac{14}{25} \div \dfrac{21}{20} =$

(9) $\dfrac{14}{9} \div \dfrac{8}{15} =$

(10) $\dfrac{15}{16} \div \dfrac{9}{28} =$

(11) $\dfrac{10}{9} \div \dfrac{22}{21} =$

(12) $\dfrac{21}{20} \div \dfrac{9}{4} =$

(13) $\dfrac{16}{15} \div \dfrac{10}{9} =$

(14) $\dfrac{14}{15} \div \dfrac{21}{25} =$

(15) $\dfrac{27}{10} \div \dfrac{15}{16} =$

(16) $\dfrac{16}{25} \div \dfrac{28}{15} =$

(17) $\dfrac{15}{14} \div \dfrac{20}{21} =$

(18) $\dfrac{21}{10} \div \dfrac{9}{8} =$

(19) $\dfrac{21}{20} \div \dfrac{9}{16} =$

(20) $\dfrac{25}{12} \div \dfrac{10}{9} =$

(21) $\dfrac{9}{16} \div \dfrac{21}{20} =$

(22) $\dfrac{16}{15} \div \dfrac{24}{25} =$

(23) $\dfrac{20}{21} \div \dfrac{28}{15} =$

(24) $\dfrac{15}{14} \div \dfrac{21}{10} =$

✱ 약분에 주의해서 다음을 계산하시오. (계산 결과가 가분수이면 가분수 상태로 둡니다.)

(1) $\dfrac{10}{9} \div \dfrac{14}{15} = \dfrac{10 \times 15}{9 \times 14} = \dfrac{25}{21}$

(2) $\dfrac{27}{20} \div \dfrac{18}{25} =$

(3) $\dfrac{21}{25} \div \dfrac{14}{15} =$

(4) $\dfrac{14}{15} \div \dfrac{16}{25} =$

(5) $\dfrac{14}{15} \div \dfrac{21}{20} =$

(6) $\dfrac{21}{22} \div \dfrac{15}{16} =$

(7) $\dfrac{21}{16} \div \dfrac{9}{20} =$

(8) $\dfrac{8}{15} \div \dfrac{16}{25} =$

(9) $\dfrac{9}{20} \div \dfrac{21}{25} =$

(10) $\dfrac{10}{21} \div \dfrac{8}{35} =$

(11) $\dfrac{21}{10} \div \dfrac{9}{8} =$

(12) $\dfrac{20}{9} \div \dfrac{16}{15} =$

(13) $\dfrac{28}{27} \div \dfrac{16}{21} =$

(14) $\dfrac{16}{15} \div \dfrac{14}{25} =$

(15) $\dfrac{12}{25} \div \dfrac{8}{15} =$

(16) $\dfrac{9}{16} \div \dfrac{15}{28} =$

(17) $\dfrac{14}{9} \div \dfrac{16}{15} =$

(18) $\dfrac{22}{15} \div \dfrac{8}{25} =$

(19) $\dfrac{21}{20} \div \dfrac{9}{25} =$

(20) $\dfrac{9}{14} \div \dfrac{21}{10} =$

(21) $\dfrac{16}{15} \div \dfrac{12}{25} =$

(22) $\dfrac{27}{20} \div \dfrac{21}{25} =$

(23) $\dfrac{15}{28} \div \dfrac{9}{35} =$

(24) $\dfrac{16}{15} \div \dfrac{20}{21} =$

✳ 약분에 주의해서 다음을 계산하시오. (답은 대분수로 고치시오.)

(1) $\dfrac{7}{4} \div \dfrac{5}{6} = \dfrac{7 \times \overset{3}{6}}{\underset{2}{4} \times 5} = \dfrac{21}{10} = 2\dfrac{1}{10}$

(2) $\dfrac{4}{7} \div \dfrac{8}{21} =$

(3) $\dfrac{9}{10} \div \dfrac{12}{25} =$

(4) $\dfrac{15}{7} \div \dfrac{10}{21} =$

(5) $\dfrac{11}{6} \div \dfrac{11}{15} =$

(6) $\dfrac{15}{8} \div \dfrac{25}{18} =$

(7) $\dfrac{8}{5} \div \dfrac{6}{25} =$

(8) $\dfrac{18}{25} \div \dfrac{9}{20} =$

(9) $\dfrac{9}{4} \div \dfrac{21}{10} =$

(10) $\dfrac{5}{6} \div \dfrac{6}{13} =$

(11) $\dfrac{4}{3} \div \dfrac{5}{8} =$

(12) $\dfrac{6}{7} \div \dfrac{8}{15} =$

(13) $\dfrac{10}{9} \div \dfrac{16}{21} =$

(14) $\dfrac{8}{15} \div \dfrac{12}{25} =$

(15) $\dfrac{7}{10} \div \dfrac{5}{8} =$

(16) $\dfrac{36}{25} \div \dfrac{7}{5} =$

✱ 약분에 주의해서 다음을 계산하시오. (답은 대분수로 고치시오.)

(1) $\dfrac{10}{9} \div \dfrac{4}{15} = \dfrac{\overset{5}{\cancel{10}} \times \overset{5}{\cancel{15}}}{\underset{3}{\cancel{9}} \times \underset{2}{\cancel{4}}} = \dfrac{25}{6} = 4\dfrac{1}{6}$

(2) $\dfrac{12}{7} \div \dfrac{8}{5} =$

(3) $\dfrac{9}{10} \div \dfrac{15}{26} =$

(4) $\dfrac{7}{6} \div \dfrac{4}{5} =$

(5) $\dfrac{11}{8} \div \dfrac{6}{5} =$

(6) $\dfrac{15}{4} \div \dfrac{6}{7} =$

(7) $\dfrac{16}{15} \div \dfrac{6}{25} =$

(8) $\dfrac{16}{25} \div \dfrac{4}{15} =$

(9) $\dfrac{15}{8} \div \dfrac{10}{9} =$

(10) $\dfrac{49}{6} \div \dfrac{7}{8} =$

(11) $\dfrac{11}{6} \div \dfrac{7}{5} =$

(12) $\dfrac{14}{9} \div \dfrac{16}{15} =$

(13) $\dfrac{14}{11} \div \dfrac{8}{9} =$

(14) $\dfrac{28}{15} \div \dfrac{8}{9} =$

(15) $\dfrac{20}{9} \div \dfrac{25}{12} =$

(16) $\dfrac{26}{35} \div \dfrac{8}{25} =$

✱ 약분에 주의해서 다음을 계산하시오. (답은 대분수로 고치시오.)

(1) $\dfrac{7}{6} \times \dfrac{27}{15} \times \dfrac{15}{14} = \dfrac{7 \times 27 \times 15}{6 \times 15 \times 14} = \dfrac{9}{4} = 2\dfrac{1}{4}$

(2) $\dfrac{12}{7} \times \dfrac{3}{8} \times \dfrac{14}{9} =$

(3) $\dfrac{3}{8} \times \dfrac{5}{9} \times \dfrac{6}{5} =$

(4) $\dfrac{9}{8} \times \dfrac{5}{6} \times \dfrac{16}{15} =$

(5) $\dfrac{5}{4} \times \dfrac{36}{25} \times \dfrac{5}{6} =$

(6) $\dfrac{4}{7} \times \dfrac{21}{20} \times \dfrac{10}{9} =$

(7) $\dfrac{8}{3} \times \dfrac{15}{4} \times \dfrac{15}{16} =$

(8) $\dfrac{16}{9} \times \dfrac{5}{12} \times \dfrac{27}{10} =$

(9) $\dfrac{6}{5} \times \dfrac{5}{4} \times \dfrac{8}{9} =$

(10) $\dfrac{20}{21} \times \dfrac{14}{9} \times \dfrac{9}{4} =$

(11) $\dfrac{5}{4} \times \dfrac{9}{10} \times \dfrac{4}{3} =$

(12) $\dfrac{3}{4} \times \dfrac{16}{7} \times \dfrac{14}{9} =$

(13) $\dfrac{5}{6} \times \dfrac{28}{15} \times \dfrac{12}{7} =$

(14) $\dfrac{9}{8} \times \dfrac{7}{15} \times \dfrac{24}{7} =$

(15) $\dfrac{5}{3} \times \dfrac{14}{25} \times \dfrac{21}{10} =$

(16) $\dfrac{16}{21} \times \dfrac{15}{8} \times \dfrac{24}{25} =$

✱ 약분에 주의해서 다음을 계산하시오. (답은 대분수로 고치시오.)

(1) $\dfrac{22}{3} \div \dfrac{7}{15} \div \dfrac{12}{7} = \dfrac{22 \times 15 \times 7}{3 \times 7 \times 12} = \dfrac{55}{6} = 9\dfrac{1}{6}$

(2) $\dfrac{5}{6} \div \dfrac{4}{5} \div \dfrac{25}{32} =$

(3) $\dfrac{16}{21} \div \dfrac{8}{15} \div \dfrac{25}{28} =$

(4) $\dfrac{9}{16} \div \dfrac{3}{4} \div \dfrac{3}{14} =$

(5) $\dfrac{3}{8} \div \dfrac{9}{25} \div \dfrac{5}{6} =$

(6) $\dfrac{6}{5} \div \dfrac{8}{15} \div \dfrac{6}{7} =$

(7) $\dfrac{21}{20} \div \dfrac{9}{10} \div \dfrac{7}{8} =$

(8) $\dfrac{7}{25} \div \dfrac{3}{8} \div \dfrac{4}{15} =$

(9) $\dfrac{5}{4} \div \dfrac{3}{4} \div \dfrac{10}{9} =$

(10) $\dfrac{5}{6} \div \dfrac{8}{9} \div \dfrac{15}{34} =$

(11) $\dfrac{12}{7} \div \dfrac{8}{21} \div \dfrac{9}{7} =$

(12) $\dfrac{3}{5} \div \dfrac{14}{15} \div \dfrac{21}{20} =$

(13) $\dfrac{4}{7} \div \dfrac{15}{28} \div \dfrac{8}{9} =$

(14) $\dfrac{1}{6} \div \dfrac{3}{10} \div \dfrac{5}{12} =$

(15) $\dfrac{7}{6} \div \dfrac{8}{9} \div \dfrac{7}{8} =$

(16) $\dfrac{8}{21} \div \dfrac{4}{9} \div \dfrac{9}{14} =$

✳ 약분에 주의해서 다음을 계산하시오. (답은 대분수로 고치시오.)

(1) $\dfrac{10}{3} \times \dfrac{7}{8} \div \dfrac{14}{9} = \dfrac{10 \times 7 \times 9}{3 \times 8 \times 14} = \dfrac{15}{8} = 1\dfrac{7}{8}$

(2) $\dfrac{7}{15} \times \dfrac{16}{7} \div \dfrac{8}{9} =$

(3) $\dfrac{14}{15} \times \dfrac{12}{7} \div \dfrac{6}{5} =$

(4) $\dfrac{5}{4} \times \dfrac{28}{25} \div \dfrac{6}{5} =$

(5) $\dfrac{6}{7} \times \dfrac{7}{12} \div \dfrac{3}{8} =$

(6) $\dfrac{15}{8} \times \dfrac{14}{25} \div \dfrac{21}{32} =$

(7) $\dfrac{8}{9} \times \dfrac{5}{4} \div \dfrac{5}{6} =$

(8) $\dfrac{5}{6} \times \dfrac{8}{9} \div \dfrac{4}{15} =$

(9) $\dfrac{8}{21} \times \dfrac{14}{9} \div \dfrac{4}{9} =$

(10) $\dfrac{16}{9} \times \dfrac{3}{5} \div \dfrac{18}{25} =$

(11) $\dfrac{3}{2} \times \dfrac{7}{5} \div \dfrac{9}{5} =$

(12) $\dfrac{20}{21} \times \dfrac{7}{4} \div \dfrac{15}{11} =$

(13) $\dfrac{16}{7} \times \dfrac{14}{9} \div \dfrac{4}{3} =$

(14) $\dfrac{4}{3} \times \dfrac{9}{10} \div \dfrac{4}{5} =$

(15) $\dfrac{14}{9} \times \dfrac{6}{7} \div \dfrac{21}{20} =$

(16) $\dfrac{7}{6} \times \dfrac{9}{8} \div \dfrac{21}{26} =$

✽ 약분에 주의해서 다음을 계산하시오. (답은 대분수로 고치시오.)

(1) $\dfrac{8}{7} \div \dfrac{4}{9} \times \dfrac{7}{15} = \dfrac{\overset{2}{8} \times \overset{3}{9} \times \overset{1}{7}}{\underset{1}{7} \times \underset{1}{4} \times \underset{5}{15}} = \dfrac{6}{5} = 1\dfrac{1}{5}$

(2) $\dfrac{5}{6} \div \dfrac{4}{15} \times \dfrac{8}{9} =$

(3) $\dfrac{5}{4} \div \dfrac{3}{4} \times \dfrac{9}{10} =$

(4) $\dfrac{4}{3} \div \dfrac{12}{25} \times \dfrac{6}{5} =$

(5) $\dfrac{15}{8} \div \dfrac{25}{49} \times \dfrac{16}{21} =$

(6) $\dfrac{5}{6} \div \dfrac{7}{12} \times \dfrac{14}{15} =$

(7) $\dfrac{9}{8} \div \dfrac{6}{7} \times \dfrac{40}{21} =$

(8) $\dfrac{4}{25} \div \dfrac{9}{35} \times \dfrac{15}{8} =$

(9) $\dfrac{5}{6} \div \dfrac{5}{9} \times \dfrac{7}{3} =$

(10) $\dfrac{7}{9} \div \dfrac{7}{12} \times \dfrac{7}{6} =$

(11) $\dfrac{20}{21} \div \dfrac{4}{35} \times \dfrac{3}{4} =$

(12) $\dfrac{8}{9} \div \dfrac{4}{5} \times \dfrac{6}{5} =$

(13) $\dfrac{4}{7} \div \dfrac{9}{44} \times \dfrac{21}{22} =$

(14) $\dfrac{14}{9} \div \dfrac{4}{9} \times \dfrac{8}{21} =$

(15) $\dfrac{5}{12} \div \dfrac{8}{15} \times \dfrac{16}{9} =$

(16) $\dfrac{3}{4} \div \dfrac{9}{14} \times \dfrac{16}{7} =$

✲ 약분에 주의해서 다음을 계산하시오. (답은 대분수로 고치시오.)

(1) $\frac{11}{9}\times\frac{27}{14}\times\frac{21}{22}=\frac{\overset{1}{\cancel{11}}\times\overset{3}{\cancel{27}}\times\overset{3}{\cancel{21}}}{\underset{1}{\cancel{9}}\times\underset{2}{\cancel{14}}\times\underset{2}{\cancel{22}}}=\frac{9}{4}=2\frac{1}{4}$

(2) $\frac{9}{7}\div\frac{10}{21}\div\frac{27}{28}=$

(3) $\frac{6}{7}\times\frac{7}{8}\div\frac{3}{14}=$

(4) $\frac{15}{14}\div\frac{3}{10}\times\frac{21}{20}=$

(5) $\frac{16}{15}\times\frac{5}{4}\times\frac{27}{20}=$

(6) $\frac{4}{7}\div\frac{9}{10}\div\frac{20}{49}=$

(7) $\frac{14}{15}\times\frac{25}{8}\div\frac{15}{14}=$

(8) $\frac{5}{7}\div\frac{2}{7}\times\frac{24}{25}=$

(9) $\frac{45}{28}\times\frac{4}{5}\times\frac{21}{20}=$

(10) $\frac{7}{5}\div\frac{4}{25}\div\frac{21}{8}=$

(11) $\frac{3}{4}\times\frac{8}{7}\div\frac{9}{14}=$

(12) $\frac{21}{22}\div\frac{6}{11}\times\frac{9}{7}=$

(13) $\frac{12}{7}\times\frac{19}{16}\times\frac{35}{38}=$

(14) $\frac{24}{25}\div\frac{8}{15}\div\frac{21}{16}=$

(15) $\frac{16}{7}\times\frac{5}{4}\div\frac{12}{35}=$

(16) $\frac{2}{3}\div\frac{9}{16}\times\frac{7}{8}=$

$\frac{▲}{■}\div\frac{◆}{●}\div\frac{◎}{☆}=\frac{▲\times●\times☆}{■\times◆\times◎}$

평가				
오답수	아주 잘함 : 0~1	잘함 : 2~3	보통 : 4~5	노력 바람 : 6~

부모 확인란

✲ 약분에 주의해서 다음을 계산하시오. (답은 대분수로 고치시오.)

(1) $\frac{3}{8}\times\frac{16}{7}\times\frac{14}{9}=\frac{3\times16\times14}{8\times7\times9}=\frac{4}{3}=1\frac{1}{3}$

(2) $\frac{5}{6}\times\frac{36}{11}\div\frac{4}{11}=$

(3) $\frac{14}{9}\div\frac{7}{24}\times\frac{3}{5}=$

(4) $\frac{20}{21}\div\frac{4}{9}\div\frac{6}{7}=$

(5) $\frac{5}{6}\times\frac{9}{10}\times\frac{22}{15}=$

(6) $\frac{7}{8}\times\frac{15}{4}\div\frac{25}{16}=$

(7) $\frac{3}{4}\div\frac{9}{14}\times\frac{8}{7}=$

(8) $\frac{14}{15}\div\frac{4}{7}\div\frac{21}{20}=$

(9) $\frac{8}{7}\times\frac{20}{9}\times\frac{21}{40}=$

(10) $\frac{25}{27}\times\frac{9}{7}\div\frac{15}{14}=$

(11) $\frac{6}{7}\div\frac{10}{21}\times\frac{5}{6}=$

(12) $\frac{9}{14}\div\frac{18}{25}\div\frac{5}{7}=$

(13) $\frac{6}{7}\times\frac{21}{10}\times\frac{15}{8}=$

(14) $\frac{10}{9}\times\frac{14}{15}\div\frac{7}{45}=$

(15) $\frac{11}{24}\div\frac{7}{20}\times\frac{14}{15}=$

(16) $\frac{14}{15}\div\frac{6}{25}\div\frac{21}{16}=$

정답

3쪽

1.
(1) 7 (2) 2 (3) 2 (4) 3
(5) 2 (6) 3 (7) 2 (8) 2
(9) 2 (10) 3 (11) 5 (12) 2
(13) 7 (14) 2 (15) 3

2.
(1) 5 (2) 3 (3) 5 (4) 3
(5) 5 (6) 3 (7) 2 (8) 3
(9) 7 (10) 3 (11) 3 (12) 5
(13) 3

4쪽

1.
(1) 5 (2) 3 (3) 3 (4) 2
(5) 3 (6) 2 (7) 2 (8) 2
(9) 5 (10) 3 (11) 7 (12) 5
(13) 5 (14) 2 (15) 2

2.
(1) 2 (2) 5 (3) 5 (4) 5
(5) 2 (6) 5 (7) 2 (8) 5
(9) 2 (10) 7 (11) 3 (12) 2
(13) 3 (14) 7 (15) 3

5쪽

1.
(1) 6 (2) 4 (3) 8 (4) 8
(5) 8 (6) 9 (7) 4 (8) 9
(9) 6 (10) 9 (11) 4 (12) 6
(13) 4 (14) 4 (15) 6

2.
(1) 9 (2) 4 (3) 9 (4) 6
(5) 4 (6) 4 (7) 4 (8) 6
(9) 9 (10) 8 (11) 8 (12) 9
(13) 8 (14) 4 (15) 8

6쪽

1.
(1) $\frac{3}{4}$ (2) $\frac{2}{3}$ (3) $\frac{4}{7}$ (4) $\frac{1}{3}$ (5) $\frac{1}{3}$
(6) $\frac{5}{6}$ (7) $\frac{2}{3}$ (8) $\frac{3}{4}$ (9) $\frac{2}{3}$ (10) $\frac{3}{7}$
(11) $\frac{5}{6}$ (12) $\frac{2}{5}$ (13) $\frac{1}{3}$ (14) $\frac{1}{6}$ (15) $\frac{2}{3}$
(16) $\frac{3}{5}$ (17) $\frac{3}{4}$ (18) $\frac{3}{4}$ (19) $\frac{2}{3}$ (20) $\frac{2}{3}$
(21) $\frac{3}{4}$ (22) $\frac{5}{9}$ (23) $\frac{7}{9}$ (24) $\frac{5}{6}$ (25) $\frac{1}{5}$
(26) $\frac{2}{3}$ (27) $\frac{1}{3}$ (28) $\frac{4}{7}$

7쪽

1.
(1) 30 (2) 12 (3) 42 (4) 84
(5) 36 (6) 42 (7) 48 (8) 70
(9) 45 (10) 18 (11) 30 (12) 44
(13) 70 (14) 80 (15) 90

2.
(1) 30 (2) 70 (3) 50 (4) 20
(5) 96 (6) 63 (7) 36 (8) 24
(9) 84 (10) 60 (11) 54 (12) 90
(13) 84

8쪽

1.
(1) 150 (2) 66 (3) 60 (4) 24
(5) 78 (6) 28 (7) 52 (8) 56
(9) 108 (10) 90 (11) 42 (12) 105
(13) 102 (14) 40 (15) 98

2.
(1) 140 (2) 66 (3) 110 (4) 100
(5) 42 (6) 105 (7) 105 (8) 120
(9) 72 (10) 90 (11) 165 (12) 60
(13) 99 (14) 90 (15) 90

9쪽

1.
(1) 88 (2) 168 (3) 160 (4) 96
(5) 120 (6) 135 (7) 24 (8) 96
(9) 56 (10) 48 (11) 80 (12) 90
(13) 120 (14) 72 (15) 48

2.
(1) 180 (2) 112 (3) 162 (4) 108
(5) 80 (6) 60 (7) 126 (8) 40
(9) 36 (10) 189 (11) 72 (12) 90
(13) 126 (14) 84 (15) 84

10쪽

1.
(1) 100 (2) 98 (3) 36 (4) 88
(5) 84 (6) 60 (7) 42 (8) 40
(9) 48 (10) 80 (11) 56 (12) 96
(13) 90 (14) 140 (15) 45

2.
(1) 60 (2) 48 (3) 48 (4) 24
(5) 54 (6) 90 (7) 60 (8) 80
(9) 72 (10) 84 (11) 72 (12) 84
(13) 60 (14) 70 (15) 96

11쪽

1.
(1) 40 (2) 24 (3) 28 (4) 8
(5) 18 (6) 44 (7) 30 (8) 30
(9) 36 (10) 36 (11) 40 (12) 24
(13) 24 (14) 60 (15) 42 (16) 30
(17) 30 (18) 42 (19) 56 (20) 36

2.
(1) 54 (2) 24 (3) 56 (4) 60
(5) 60 (6) 52 (7) 42 (8) 54
(9) 60 (10) 60 (11) 50 (12) 60
(13) 60 (14) 45 (15) 48 (16) 48
(17) 70 (18) 60 (19) 40 (20) 48

12쪽

1.
(1) 66 (2) 72 (3) 21 (4) 76
(5) 75 (6) 66 (7) 70 (8) 72
(9) 72 (10) 78 (11) 88 (12) 70
(13) 78 (14) 63 (15) 70 (16) 66
(17) 72 (18) 78 (19) 40 (20) 72

2.
(1) 84 (2) 21 (3) 88 (4) 80
(5) 84 (6) 80 (7) 90 (8) 88
(9) 90 (10) 84 (11) 90 (12) 84
(13) 80 (14) 90 (15) 84 (16) 90
(17) 84 (18) 84 (19) 78 (20) 88

13쪽

1.
(1) 75 (2) 90 (3) 96 (4) 56
(5) 92 (6) 76 (7) 99 (8) 90
(9) 90 (10) 50 (11) 60 (12) 98
(13) 96 (14) 36 (15) 176 (16) 51
(17) 180 (18) 100 (19) 72 (20) 100

2.
(1) 84 (2) 52 (3) 54 (4) 252
(5) 48 (6) 12 (7) 84 (8) 56
(9) 90 (10) 88 (11) 36 (12) 60
(13) 33 (14) 45 (15) 88 (16) 45
(17) 180 (18) 60 (19) 96 (20) 70

14쪽

1.
(1) 36 (2) 105 (3) 132 (4) 72
(5) 96 (6) 99 (7) 80 (8) 54
(9) 78 (10) 136 (11) 144 (12) 84
(13) 68 (14) 77 (15) 56 (16) 54
(17) 80 (18) 160 (19) 30 (20) 24

2.
(1) 20 (2) 84 (3) 70 (4) 30
(5) 40 (6) 60 (7) 18 (8) 84

(9) 24　(10) 84　(11) 80　(12) 70
(13) 60　(14) 104　(15) 180　(16) 60
(17) 84　(18) 80　(19) 20　(20) 84

15쪽

1.
(1) $\frac{11}{24}, \frac{10}{24}$　(2) $\frac{35}{56}, \frac{44}{56}$
(3) $\frac{35}{50}, \frac{8}{50}$　(4) $\frac{10}{15}, \frac{9}{15}$
(5) $\frac{9}{30}, \frac{14}{30}$　(6) $\frac{25}{30}, \frac{12}{30}$
(7) $\frac{35}{40}, \frac{12}{40}$　(8) $\frac{6}{28}, \frac{21}{28}$
(9) $\frac{9}{12}, \frac{10}{12}$　(10) $\frac{39}{52}, \frac{22}{52}$
(11) $\frac{6}{20}, \frac{15}{20}$　(12) $\frac{35}{45}, \frac{12}{45}$
(13) $\frac{16}{42}, \frac{35}{42}$　(14) $\frac{20}{24}, \frac{15}{24}$
(15) $\frac{3}{10}, \frac{2}{10}$　(16) $\frac{33}{36}, \frac{7}{36}$
(17) $\frac{14}{30}, \frac{25}{30}$　(18) $\frac{35}{42}, \frac{27}{42}$
(19) $\frac{10}{12}, \frac{11}{12}$　(20) $\frac{22}{54}, \frac{9}{54}$

2.
(1) $\frac{14}{24}, \frac{3}{24}$　(2) $\frac{13}{18}, \frac{15}{18}$
(3) $\frac{16}{66}, \frac{21}{66}$　(4) $\frac{13}{42}, \frac{15}{42}$
(5) $\frac{34}{40}, \frac{15}{40}$　(6) $\frac{16}{42}, \frac{9}{42}$
(7) $\frac{26}{44}, \frac{33}{44}$　(8) $\frac{72}{88}, \frac{77}{88}$
(9) $\frac{63}{99}, \frac{77}{99}$　(10) $\frac{12}{32}, \frac{7}{32}$
(11) $\frac{27}{30}, \frac{25}{30}$　(12) $\frac{27}{48}, \frac{10}{48}$
(13) $\frac{20}{36}, \frac{21}{36}$　(14) $\frac{42}{63}, \frac{49}{63}$
(15) $\frac{50}{60}, \frac{51}{60}$　(16) $\frac{70}{77}, \frac{55}{77}$
(17) $\frac{15}{18}, \frac{14}{18}$　(18) $\frac{33}{48}, \frac{40}{48}$

16쪽

1.
(1) $\frac{27}{60}, \frac{35}{60}$　(2) $\frac{13}{20}, \frac{15}{20}$
(3) $\frac{14}{80}, \frac{25}{80}$　(4) $\frac{19}{36}, \frac{33}{36}$
(5) $\frac{18}{70}, \frac{45}{70}$　(6) $\frac{63}{144}, \frac{56}{144}$
(7) $\frac{63}{72}, \frac{64}{72}$　(8) $\frac{35}{42}, \frac{19}{42}$
(9) $\frac{33}{78}, \frac{28}{78}$　(10) $\frac{28}{72}, \frac{21}{72}$
(11) $\frac{6}{70}, \frac{63}{70}$　(12) $\frac{21}{72}, \frac{10}{72}$
(13) $\frac{14}{68}, \frac{51}{68}$　(14) $\frac{15}{21}, \frac{14}{21}$
(15) $\frac{65}{78}, \frac{18}{78}$　(16) $\frac{45}{72}, \frac{34}{72}$
(17) $\frac{7}{42}, \frac{17}{42}$　(18) $\frac{72}{80}, \frac{25}{80}$
(19) $\frac{57}{76}, \frac{26}{76}$　(20) $\frac{21}{60}, \frac{32}{60}$

(3) $\frac{50}{90}, \frac{81}{90}$　(4) $\frac{22}{42}, \frac{35}{42}$
(5) $\frac{40}{84}, \frac{15}{84}$　(6) $\frac{25}{60}, \frac{24}{60}$
(7) $\frac{25}{30}, \frac{21}{30}$　(8) $\frac{18}{56}, \frac{35}{56}$
(9) $\frac{24}{66}, \frac{21}{66}$　(10) $\frac{49}{63}, \frac{33}{63}$
(11) $\frac{30}{35}, \frac{19}{35}$　(12) $\frac{5}{24}, \frac{10}{24}$
(13) $\frac{10}{36}, \frac{7}{36}$　(14) $\frac{10}{36}, \frac{27}{36}$
(15) $\frac{18}{22}, \frac{9}{22}$　(16) $\frac{21}{45}, \frac{40}{45}$
(17) $\frac{49}{105}, \frac{40}{105}$　(18) $\frac{49}{70}, \frac{18}{70}$
(19) $\frac{10}{72}, \frac{63}{72}$　(20) $\frac{27}{78}, \frac{65}{78}$

2.
(1) $\frac{35}{60}, \frac{22}{60}$　(2) $\frac{28}{60}, \frac{25}{60}$
(3) $\frac{36}{88}, \frac{55}{88}$　(4) $\frac{18}{42}, \frac{13}{42}$
(5) $\frac{27}{39}, \frac{26}{39}$　(6) $\frac{23}{25}, \frac{20}{25}$
(7) $\frac{39}{60}, \frac{22}{60}$　(8) $\frac{35}{90}, \frac{21}{90}$
(9) $\frac{18}{75}, \frac{35}{75}$　(10) $\frac{33}{84}, \frac{62}{84}$
(11) $\frac{22}{33}, \frac{14}{33}$　(12) $\frac{32}{36}, \frac{27}{36}$
(13) $\frac{39}{72}, \frac{64}{72}$　(14) $\frac{75}{90}, \frac{14}{90}$
(15) $\frac{68}{100}, \frac{35}{100}$　(16) $\frac{3}{50}, \frac{14}{50}$
(17) $\frac{7}{8}, \frac{6}{8}$　(18) $\frac{27}{84}, \frac{77}{84}$
(19) $\frac{65}{78}, \frac{51}{78}$　(20) $\frac{36}{42}, \frac{7}{42}$

2.
(1) $\frac{14}{100}, \frac{45}{100}$　(2) $\frac{66}{77}, \frac{49}{77}$
(3) $\frac{45}{99}, \frac{44}{99}$　(4) $\frac{30}{48}, \frac{37}{48}$
(5) $\frac{35}{75}, \frac{24}{75}$　(6) $\frac{63}{144}, \frac{44}{144}$
(7) $\frac{13}{20}, \frac{15}{20}$　(8) $\frac{20}{24}, \frac{21}{24}$
(9) $\frac{36}{40}, \frac{35}{40}$　(10) $\frac{9}{54}, \frac{16}{54}$
(11) $\frac{6}{50}, \frac{45}{50}$　(12) $\frac{10}{12}, \frac{9}{12}$
(13) $\frac{28}{96}, \frac{27}{96}$　(14) $\frac{14}{24}, \frac{15}{24}$
(15) $\frac{22}{78}, \frac{65}{78}$　(16) $\frac{32}{90}, \frac{25}{90}$
(17) $\frac{16}{42}, \frac{27}{42}$　(18) $\frac{35}{90}, \frac{81}{90}$
(19) $\frac{30}{54}, \frac{25}{54}$　(20) $\frac{63}{84}, \frac{22}{84}$

17쪽

1.
(1) $\frac{24}{80}, \frac{45}{80}$　(2) $\frac{77}{88}, \frac{26}{88}$

(9) $\frac{16}{45}$　(10) $\frac{29}{30}$　(11) $\frac{27}{28}$　(12) $\frac{11}{24}$
(13) $\frac{13}{24}$　(14) $\frac{11}{18}$　(15) $\frac{13}{24}$　(16) $\frac{29}{30}$
(17) $\frac{17}{72}$　(18) $\frac{23}{24}$　(19) $\frac{17}{20}$　(20) $\frac{19}{30}$
(21) $\frac{13}{30}$　(22) $\frac{19}{20}$　(23) $\frac{19}{24}$　(24) $\frac{11}{30}$
(25) $\frac{7}{30}$　(26) $\frac{9}{20}$　(27) $\frac{17}{24}$　(28) $\frac{17}{20}$
(29) $\frac{23}{30}$　(30) $\frac{19}{24}$

19쪽

(1) $\frac{17}{30}$　(2) $\frac{19}{60}$　(3) $\frac{29}{30}$　(4) $\frac{19}{30}$
(5) $\frac{17}{24}$　(6) $\frac{5}{18}$　(7) $\frac{9}{28}$　(8) $\frac{11}{30}$
(9) $\frac{13}{30}$　(10) $\frac{19}{24}$　(11) $\frac{29}{30}$　(12) $\frac{23}{24}$
(13) $\frac{29}{30}$　(14) $\frac{13}{18}$　(15) $\frac{17}{30}$　(16) $\frac{5}{24}$
(17) $\frac{11}{12}$　(18) $\frac{19}{24}$　(19) $\frac{29}{30}$　(20) $\frac{23}{30}$
(21) $\frac{19}{20}$　(22) $\frac{23}{30}$　(23) $\frac{27}{28}$　(24) $\frac{11}{18}$
(25) $\frac{19}{30}$　(26) $\frac{23}{24}$　(27) $\frac{11}{27}$　(28) $\frac{11}{30}$
(29) $\frac{7}{20}$　(30) $\frac{13}{24}$

18쪽

(1) $\frac{11}{20}$　(2) $\frac{13}{18}$　(3) $\frac{5}{12}$　(4) $\frac{23}{30}$
(5) $\frac{13}{28}$　(6) $\frac{11}{12}$　(7) $\frac{17}{18}$　(8) $\frac{13}{30}$

20쪽

(1) $\frac{29}{24}$　(2) $\frac{29}{20}$　(3) $\frac{19}{16}$　(4) $\frac{47}{30}$
(5) $\frac{47}{28}$　(6) $\frac{25}{18}$　(7) $\frac{31}{24}$　(8) $\frac{31}{24}$
(9) $\frac{33}{20}$　(10) $\frac{41}{30}$　(11) $\frac{94}{63}$　(12) $\frac{23}{20}$
(13) $\frac{53}{30}$　(14) $\frac{37}{24}$　(15) $\frac{53}{30}$　(16) $\frac{23}{20}$

(17) $\dfrac{37}{30}$ (18) $\dfrac{45}{28}$ (19) $\dfrac{23}{18}$ (20) $\dfrac{25}{24}$

(21) $\dfrac{29}{24}$ (22) $\dfrac{19}{18}$ (23) $\dfrac{17}{15}$ (24) $\dfrac{59}{36}$

(25) $\dfrac{41}{30}$ (26) $\dfrac{25}{18}$ (27) $\dfrac{31}{30}$ (28) $\dfrac{47}{28}$

(29) $\dfrac{41}{30}$ (30) $\dfrac{37}{30}$

21쪽

1. (1) $1\dfrac{19}{30}$ (2) $1\dfrac{1}{12}$ (3) $1\dfrac{17}{30}$ (4) $1\dfrac{7}{24}$

   (5) $1\dfrac{1}{14}$ (6) $1\dfrac{1}{30}$ (7) $1\dfrac{13}{18}$ (8) $1\dfrac{7}{30}$

   (9) $1\dfrac{11}{18}$ (10) $1\dfrac{1}{30}$

2. (1) $1\dfrac{9}{20}$ (2) $1\dfrac{23}{30}$ (3) $1\dfrac{23}{30}$ (4) $1\dfrac{31}{45}$

   (5) $1\dfrac{17}{30}$ (6) $1\dfrac{11}{24}$ (7) $1\dfrac{11}{30}$ (8) $1\dfrac{5}{28}$

   (9) $1\dfrac{13}{20}$ (10) $1\dfrac{19}{24}$

22쪽

(1) $\dfrac{7}{24}$ (2) $\dfrac{3}{28}$ (3) $\dfrac{7}{30}$ (4) $\dfrac{7}{12}$

(5) $\dfrac{7}{12}$ (6) $\dfrac{17}{30}$ (7) $\dfrac{15}{28}$ (8) $\dfrac{23}{30}$

(9) $\dfrac{5}{24}$ (10) $\dfrac{1}{30}$ (11) $\dfrac{11}{30}$ (12) $\dfrac{9}{20}$

(13) $\dfrac{19}{30}$ (14) $\dfrac{7}{18}$ (15) $\dfrac{1}{24}$ (16) $\dfrac{1}{24}$

(17) $\dfrac{17}{30}$ (18) $\dfrac{19}{28}$ (19) $\dfrac{13}{24}$ (20) $\dfrac{7}{18}$

(21) $\dfrac{3}{10}$ (22) $\dfrac{23}{60}$ (23) $\dfrac{11}{28}$ (24) $\dfrac{13}{20}$

(25) $\dfrac{11}{24}$ (26) $\dfrac{1}{30}$ (27) $\dfrac{7}{24}$ (28) $\dfrac{13}{18}$

(29) $\dfrac{13}{30}$ (30) $\dfrac{1}{28}$

23쪽

(1) $\dfrac{5}{18}$ (2) $\dfrac{1}{30}$ (3) $\dfrac{5}{24}$ (4) $\dfrac{17}{30}$

(5) $\dfrac{19}{30}$ (6) $\dfrac{11}{30}$ (7) $\dfrac{7}{36}$ (8) $\dfrac{5}{16}$

(9) $\dfrac{11}{24}$ (10) $\dfrac{3}{28}$ (11) $\dfrac{7}{24}$ (12) $\dfrac{5}{48}$

(13) $\dfrac{11}{24}$ (14) $\dfrac{9}{20}$ (15) $\dfrac{13}{30}$ (16) $\dfrac{13}{40}$

(17) $\dfrac{7}{12}$ (18) $\dfrac{1}{18}$ (19) $\dfrac{11}{30}$ (20) $\dfrac{9}{20}$

(21) $\dfrac{1}{28}$ (22) $\dfrac{7}{30}$ (23) $\dfrac{37}{56}$ (24) $\dfrac{11}{30}$

(25) $\dfrac{7}{24}$ (26) $\dfrac{15}{28}$ (27) $\dfrac{17}{24}$ (28) $\dfrac{5}{24}$

(29) $\dfrac{5}{24}$ (30) $\dfrac{7}{30}$

24쪽

(1) $\dfrac{5}{18}$ (2) $\dfrac{7}{24}$ (3) $\dfrac{29}{30}$ (4) $\dfrac{5}{12}$

(5) $\dfrac{11}{24}$ (6) $\dfrac{7}{30}$ (7) $\dfrac{7}{30}$ (8) $\dfrac{17}{24}$

(9) $\dfrac{13}{24}$ (10) $\dfrac{27}{28}$ (11) $\dfrac{7}{18}$ (12) $\dfrac{25}{28}$

(13) $\dfrac{13}{28}$ (14) $\dfrac{11}{18}$ (15) $\dfrac{23}{30}$ (16) $\dfrac{19}{24}$

(17) $\dfrac{17}{24}$ (18) $\dfrac{13}{30}$ (19) $\dfrac{19}{30}$ (20) $\dfrac{13}{24}$

(21) $\dfrac{7}{30}$ (22) $\dfrac{17}{30}$ (23) $\dfrac{19}{24}$ (24) $\dfrac{5}{24}$

(25) $\dfrac{5}{24}$ (26) $\dfrac{19}{30}$ (27) $\dfrac{11}{30}$ (28) $\dfrac{9}{28}$

(29) $\dfrac{13}{30}$ (30) $\dfrac{19}{30}$

25쪽

1. (1) $\dfrac{11}{18}$ (2) $\dfrac{5}{24}$ (3) $\dfrac{23}{30}$ (4) $\dfrac{29}{30}$

   (5) $\dfrac{7}{30}$ (6) $\dfrac{13}{30}$ (7) $\dfrac{13}{30}$ (8) $\dfrac{25}{28}$

   (9) $\dfrac{19}{24}$ (10) $\dfrac{5}{18}$

2. (1) $\dfrac{27}{28}$ (2) $\dfrac{7}{30}$ (3) $\dfrac{13}{24}$ (4) $\dfrac{7}{30}$

   (5) $\dfrac{7}{24}$ (6) $\dfrac{9}{28}$ (7) $\dfrac{23}{60}$ (8) $\dfrac{11}{24}$

   (9) $\dfrac{19}{24}$ (10) $\dfrac{11}{30}$

26쪽

(1) $\dfrac{7}{18}$ (2) $\dfrac{37}{40}$ (3) $\dfrac{23}{36}$ (4) $\dfrac{39}{44}$

(5) $\dfrac{11}{20}$ (6) $\dfrac{5}{12}$ (7) $\dfrac{26}{45}$ (8) $\dfrac{31}{40}$

(9) $\dfrac{27}{40}$ (10) $\dfrac{43}{48}$ (11) $\dfrac{37}{42}$ (12) $\dfrac{19}{24}$

(13) $\dfrac{29}{42}$ (14) $\dfrac{20}{21}$ (15) $\dfrac{37}{42}$ (16) $\dfrac{41}{44}$

(17) $\dfrac{29}{48}$ (18) $\dfrac{35}{36}$ (19) $\dfrac{19}{36}$ (20) $\dfrac{25}{28}$

(21) $\dfrac{19}{36}$ (22) $\dfrac{25}{36}$ (23) $\dfrac{39}{40}$ (24) $\dfrac{25}{42}$

(25) $\dfrac{23}{28}$ (26) $\dfrac{23}{48}$ (27) $\dfrac{19}{40}$ (28) $\dfrac{17}{28}$

(29) $\dfrac{44}{45}$ (30) $\dfrac{13}{54}$

27쪽

(1) $\dfrac{13}{18}$ (2) $\dfrac{23}{24}$ (3) $\dfrac{23}{40}$ (4) $\dfrac{23}{42}$

(5) $\dfrac{43}{45}$ (6) $\dfrac{19}{42}$ (7) $\dfrac{31}{36}$ (8) $\dfrac{33}{40}$

(9) $\dfrac{31}{42}$ (10) $\dfrac{47}{48}$ (11) $\dfrac{11}{24}$ (12) $\dfrac{11}{12}$

(13) $\dfrac{35}{36}$ (14) $\dfrac{17}{30}$ (15) $\dfrac{29}{36}$ (16) $\dfrac{29}{42}$

(17) $\dfrac{17}{36}$ (18) $\dfrac{26}{45}$ (19) $\dfrac{13}{48}$ (20) $\dfrac{31}{36}$

(21) $\dfrac{29}{30}$ (22) $\dfrac{26}{45}$ (23) $\dfrac{37}{40}$ (24) $\dfrac{37}{42}$

(25) $\dfrac{29}{40}$ (26) $\dfrac{37}{42}$ (27) $\dfrac{17}{48}$ (28) $\dfrac{25}{44}$

(29) $\dfrac{19}{24}$ (30) $\dfrac{39}{44}$

28쪽

(1) $\dfrac{23}{54}$ (2) $\dfrac{13}{48}$ (3) $\dfrac{31}{36}$ (4) $\dfrac{31}{56}$

(5) $\dfrac{49}{54}$ (6) $\dfrac{53}{56}$ (7) $\dfrac{17}{40}$ (8) $\dfrac{59}{60}$

(9) $\dfrac{11}{50}$ (10) $\dfrac{11}{54}$ (11) $\dfrac{19}{54}$ (12) $\dfrac{17}{44}$

(13) $\dfrac{43}{48}$ (14) $\dfrac{29}{36}$ (15) $\dfrac{19}{42}$ (16) $\dfrac{41}{56}$

(17) $\dfrac{49}{50}$ (18) $\dfrac{37}{40}$ (19) $\dfrac{7}{30}$ (20) $\dfrac{22}{45}$

(21) $\dfrac{41}{56}$ (22) $\dfrac{43}{45}$ (23) $\dfrac{39}{40}$ (24) $\dfrac{41}{48}$

(25) $\dfrac{31}{54}$ (26) $\dfrac{41}{52}$ (27) $\dfrac{17}{36}$ (28) $\dfrac{37}{60}$

(29) $\dfrac{17}{48}$ (30) $\dfrac{21}{50}$

29쪽

(1) $\dfrac{19}{36}$ (2) $\dfrac{33}{56}$ (3) $\dfrac{17}{48}$ (4) $\dfrac{27}{56}$

(5) $\dfrac{59}{60}$ (6) $\dfrac{49}{54}$ (7) $\dfrac{35}{54}$ (8) $\dfrac{25}{36}$

(9) $\dfrac{23}{54}$ (10) $\dfrac{29}{48}$ (11) $\dfrac{47}{60}$ (12) $\dfrac{25}{48}$

(13) $\dfrac{55}{56}$ (14) $\dfrac{49}{50}$ (15) $\dfrac{37}{48}$ (16) $\dfrac{37}{54}$

(17) $\dfrac{23}{56}$ (18) $\dfrac{31}{50}$ (19) $\dfrac{11}{30}$ (20) $\dfrac{19}{50}$

(21) $\dfrac{25}{42}$ (22) $\dfrac{47}{54}$ (23) $\dfrac{29}{40}$ (24) $\dfrac{49}{52}$

(25) $\dfrac{19}{40}$ (26) $\dfrac{31}{48}$ (27) $\dfrac{33}{40}$ (28) $\dfrac{39}{50}$

(29) $\dfrac{29}{36}$ (30) $\dfrac{22}{45}$

30쪽

(1) $\dfrac{37}{40}$ (2) $\dfrac{43}{60}$ (3) $\dfrac{41}{42}$ (4) $\dfrac{31}{54}$

(5) $\dfrac{41}{60}$ (6) $\dfrac{45}{52}$ (7) $\dfrac{17}{50}$ (8) $\dfrac{49}{60}$

(9) $\dfrac{21}{50}$ (10) $\dfrac{47}{48}$ (11) $\dfrac{19}{60}$ (12) $\dfrac{43}{60}$

(13) $\dfrac{23}{36}$ (14) $\dfrac{41}{60}$ (15) $\dfrac{27}{40}$ (16) $\dfrac{31}{60}$

(17) $\dfrac{47}{60}$ (18) $\dfrac{47}{48}$ (19) $\dfrac{49}{60}$ (20) $\dfrac{29}{54}$

(21) $\dfrac{43}{52}$ (22) $\dfrac{17}{60}$ (23) $\dfrac{47}{48}$ (24) $\dfrac{17}{56}$

(25) $\dfrac{19}{56}$ (26) $\dfrac{23}{60}$ (27) $\dfrac{31}{36}$ (28) $\dfrac{53}{56}$

(29) $\dfrac{38}{45}$ (30) $\dfrac{41}{60}$

31쪽

(1) $\dfrac{27}{50}$ (2) $\dfrac{17}{40}$ (3) $\dfrac{31}{60}$ (4) $\dfrac{37}{48}$

(5) $\dfrac{13}{60}$ (6) $\dfrac{49}{60}$ (7) $\dfrac{29}{48}$ (8) $\dfrac{29}{60}$

(9) $\dfrac{45}{56}$ (10) $\dfrac{41}{52}$ (11) $\dfrac{27}{40}$ (12) $\dfrac{19}{42}$

(13) $\dfrac{29}{60}$ (14) $\dfrac{43}{60}$ (15) $\dfrac{47}{40}$ (16) $\dfrac{39}{56}$

(17) $\dfrac{13}{54}$ (18) $\dfrac{33}{50}$ (19) $\dfrac{37}{60}$ (20) $\dfrac{19}{60}$

(21) $\dfrac{23}{60}$ (22) $\dfrac{23}{54}$ (23) $\dfrac{25}{56}$ (24) $\dfrac{53}{60}$

(25) $\dfrac{43}{60}$ (26) $\dfrac{27}{52}$ (27) $\dfrac{59}{60}$ (28) $\dfrac{26}{45}$

(29) $\dfrac{25}{36}$ (30) $\dfrac{23}{54}$

32쪽

1. (1) $\dfrac{5}{14}$ (2) $\dfrac{5}{6}$ (3) $\dfrac{19}{20}$ (4) $\dfrac{1}{6}$

(5) $\dfrac{8}{21}$ (6) $\dfrac{11}{12}$ (7) $\dfrac{9}{20}$ (8) $\dfrac{11}{20}$

(9) $\dfrac{7}{12}$ (10) $\dfrac{13}{15}$

2. (1) $\dfrac{7}{15}$ (2) $\dfrac{9}{20}$ (3) $\dfrac{3}{10}$ (4) $\dfrac{29}{30}$

(5) $\dfrac{11}{12}$ (6) $\dfrac{1}{6}$ (7) $\dfrac{5}{6}$ (8) $\dfrac{19}{21}$

(9) $\dfrac{5}{12}$ (10) $\dfrac{7}{12}$

33쪽

(1) $\dfrac{19}{15}$ (2) $\dfrac{31}{20}$ (3) $\dfrac{23}{21}$ (4) $\dfrac{17}{14}$

(5) $\dfrac{7}{6}$ (6) $\dfrac{11}{20}$ (7) $\dfrac{7}{12}$ (8) $\dfrac{7}{6}$

(9) $\dfrac{17}{10}$ (10) $\dfrac{9}{10}$ (11) $\dfrac{17}{15}$ (12) $\dfrac{23}{20}$

(13) $\dfrac{13}{12}$ (14) $\dfrac{37}{21}$ (15) $\dfrac{19}{15}$ (16) $\dfrac{11}{6}$

(17) $\dfrac{21}{20}$ (18) $\dfrac{19}{12}$ (19) $\dfrac{13}{12}$ (20) $\dfrac{15}{14}$

34쪽

(1) $\dfrac{19}{12}$ (2) $\dfrac{33}{20}$ (3) $\dfrac{37}{30}$ (4) $\dfrac{13}{20}$

(5) $\dfrac{7}{6}$ (6) $\dfrac{9}{14}$ (7) $\dfrac{7}{12}$ (8) $\dfrac{41}{42}$

(9) $\dfrac{23}{15}$ (10) $\dfrac{17}{12}$ (11) $\dfrac{7}{10}$ (12) $\dfrac{23}{20}$

(13) $\dfrac{7}{6}$ (14) $\dfrac{13}{12}$ (15) $\dfrac{11}{10}$ (16) $\dfrac{17}{20}$

(17) $\dfrac{34}{21}$ (18) $\dfrac{16}{15}$ (19) $\dfrac{21}{20}$ (20) $\dfrac{7}{6}$

35쪽

(1) $\dfrac{21}{20}$ (2) $\dfrac{13}{12}$ (3) $\dfrac{19}{14}$ (4) $\dfrac{7}{6}$

(5) $\dfrac{7}{12}$ (6) $\dfrac{23}{21}$ (7) $\dfrac{23}{20}$ (8) $\dfrac{25}{21}$

(9) $\dfrac{53}{30}$ (10) $\dfrac{11}{10}$ (11) $\dfrac{27}{20}$ (12) $\dfrac{17}{12}$

(13) $\dfrac{26}{15}$ (14) $\dfrac{16}{15}$ (15) $\dfrac{11}{10}$ (16) $\dfrac{71}{60}$

(17) $\dfrac{13}{12}$ (18) $\dfrac{29}{20}$ (19) $\dfrac{17}{14}$ (20) $\dfrac{11}{6}$

36쪽

(1) $6\dfrac{11}{12}$ (2) $5\dfrac{9}{14}$ (3) $7\dfrac{13}{15}$ (4) $5\dfrac{5}{6}$

(5) $5\dfrac{9}{20}$ (6) $4\dfrac{11}{20}$ (7) $4\dfrac{29}{30}$ (8) $7\dfrac{19}{21}$

(9) $3\dfrac{1}{6}$ (10) $3\dfrac{7}{15}$ (11) $5\dfrac{7}{12}$ (12) $4\dfrac{3}{10}$

37쪽

(1) $5\dfrac{8}{15}$ (2) $6\dfrac{11}{20}$ (3) $4\dfrac{16}{21}$ (4) $7\dfrac{7}{15}$

(5) $6\dfrac{7}{10}$ (6) $7\dfrac{3}{14}$ (7) $5\dfrac{1}{12}$ (8) $4\dfrac{1}{6}$

(9) $6\dfrac{3}{20}$ (10) $4\dfrac{1}{6}$ (11) $5\dfrac{1}{12}$ (12) $8\dfrac{1}{15}$

38쪽

(1) $6\dfrac{2}{15}$ (2) $7\dfrac{1}{6}$ (3) $6\dfrac{7}{20}$ (4) $7\dfrac{3}{10}$

(5) $7\dfrac{1}{14}$ (6) $6\dfrac{1}{12}$ (7) $7\dfrac{3}{10}$ (8) $6\dfrac{3}{20}$

(9) $9\dfrac{1}{15}$ (10) $6\dfrac{1}{14}$ (11) $5\dfrac{10}{21}$ (12) $8\dfrac{9}{20}$

39쪽

(1) $\dfrac{1}{12}$ (2) $\dfrac{1}{24}$ (3) $\dfrac{5}{18}$ (4) $\dfrac{19}{40}$

(5) $\dfrac{14}{45}$ (6) $\dfrac{1}{42}$ (7) $\dfrac{1}{42}$ (8) $\dfrac{1}{36}$

(9) $\dfrac{1}{20}$ (10) $\dfrac{7}{40}$ (11) $\dfrac{1}{44}$ (12) $\dfrac{11}{48}$

(13) $\dfrac{4}{45}$ (14) $\dfrac{7}{36}$ (15) $\dfrac{13}{48}$ (16) $\dfrac{3}{40}$

(17) $\dfrac{5}{48}$ (18) $\dfrac{5}{36}$ (19) $\dfrac{14}{45}$ (20) $\dfrac{23}{42}$

(21) $\dfrac{19}{28}$ (22) $\dfrac{5}{42}$ (23) $\dfrac{27}{44}$ (24) $\dfrac{13}{36}$

(25) $\dfrac{31}{40}$ (26) $\dfrac{9}{40}$ (27) $\dfrac{25}{42}$ (28) $\dfrac{13}{42}$

(29) $\dfrac{31}{36}$ (30) $\dfrac{19}{44}$

40쪽

(1) $\dfrac{7}{12}$ (2) $\dfrac{1}{24}$ (3) $\dfrac{13}{40}$ (4) $\dfrac{17}{45}$

(5) $\dfrac{3}{16}$ (6) $\dfrac{7}{16}$ (7) $\dfrac{5}{36}$ (8) $\dfrac{17}{24}$

(9) $\dfrac{5}{48}$ (10) $\dfrac{3}{40}$ (11) $\dfrac{13}{42}$ (12) $\dfrac{13}{42}$

(13) $\dfrac{1}{45}$ (14) $\dfrac{23}{44}$ (15) $\dfrac{5}{24}$ (16) $\dfrac{11}{36}$

(17) $\dfrac{11}{40}$ (18) $\dfrac{1}{48}$ (19) $\dfrac{1}{30}$ (20) $\dfrac{23}{40}$

(21) $\dfrac{31}{42}$ (22) $\dfrac{8}{45}$ (23) $\dfrac{19}{42}$ (24) $\dfrac{11}{42}$

(25) $\dfrac{5}{16}$ (26) $\dfrac{5}{42}$ (27) $\dfrac{29}{36}$ (28) $\dfrac{17}{30}$

(29) $\dfrac{13}{42}$ (30) $\dfrac{3}{44}$

41쪽

(1) $\dfrac{33}{40}$ (2) $\dfrac{1}{48}$ (3) $\dfrac{11}{54}$ (4) $\dfrac{5}{54}$

(5) $\frac{1}{45}$ (6) $\frac{1}{56}$ (7) $\frac{1}{54}$ (8) $\frac{11}{56}$
(9) $\frac{21}{50}$ (10) $\frac{11}{36}$ (11) $\frac{1}{44}$ (12) $\frac{31}{60}$
(13) $\frac{5}{48}$ (14) $\frac{13}{36}$ (15) $\frac{1}{54}$ (16) $\frac{11}{42}$
(17) $\frac{1}{50}$ (18) $\frac{1}{30}$ (19) $\frac{13}{40}$ (20) $\frac{25}{36}$
(21) $\frac{11}{40}$ (22) $\frac{23}{45}$ (23) $\frac{17}{60}$ (24) $\frac{13}{48}$
(25) $\frac{37}{52}$ (26) $\frac{37}{54}$ (27) $\frac{45}{56}$ (28) $\frac{9}{50}$
(29) $\frac{11}{48}$ (30) $\frac{29}{56}$

42쪽

(1) $\frac{1}{36}$ (2) $\frac{7}{30}$ (3) $\frac{5}{48}$ (4) $\frac{41}{50}$
(5) $\frac{23}{56}$ (6) $\frac{41}{54}$ (7) $\frac{1}{42}$ (8) $\frac{19}{48}$
(9) $\frac{9}{40}$ (10) $\frac{1}{50}$ (11) $\frac{5}{54}$ (12) $\frac{7}{48}$
(13) $\frac{43}{60}$ (14) $\frac{3}{40}$ (15) $\frac{11}{36}$ (16) $\frac{7}{60}$
(17) $\frac{15}{56}$ (18) $\frac{31}{50}$ (19) $\frac{11}{40}$ (20) $\frac{33}{56}$
(21) $\frac{33}{52}$ (22) $\frac{43}{54}$ (23) $\frac{9}{56}$ (24) $\frac{41}{60}$
(25) $\frac{5}{54}$ (26) $\frac{2}{45}$ (27) $\frac{11}{50}$ (28) $\frac{17}{36}$
(29) $\frac{7}{44}$ (30) $\frac{11}{54}$

43쪽

(1) $\frac{17}{56}$ (2) $\frac{32}{45}$ (3) $\frac{17}{52}$ (4) $\frac{1}{60}$
(5) $\frac{5}{36}$ (6) $\frac{1}{60}$ (7) $\frac{7}{60}$ (8) $\frac{21}{40}$
(9) $\frac{13}{60}$ (10) $\frac{19}{48}$ (11) $\frac{5}{56}$ (12) $\frac{7}{50}$

---

(13) $\frac{43}{48}$ (14) $\frac{23}{40}$ (15) $\frac{7}{48}$ (16) $\frac{13}{54}$
(17) $\frac{3}{56}$ (18) $\frac{19}{36}$ (19) $\frac{7}{60}$ (20) $\frac{23}{42}$
(21) $\frac{17}{60}$ (22) $\frac{13}{60}$ (23) $\frac{7}{60}$ (24) $\frac{29}{52}$
(25) $\frac{1}{54}$ (26) $\frac{7}{50}$ (27) $\frac{19}{60}$ (28) $\frac{17}{60}$
(29) $\frac{7}{60}$ (30) $\frac{7}{60}$

44쪽

(1) $\frac{41}{60}$ (2) $\frac{17}{40}$ (3) $\frac{7}{60}$ (4) $\frac{11}{48}$
(5) $\frac{37}{60}$ (6) $\frac{21}{52}$ (7) $\frac{3}{50}$ (8) $\frac{19}{60}$
(9) $\frac{7}{40}$ (10) $\frac{23}{60}$ (11) $\frac{29}{45}$ (12) $\frac{7}{36}$
(13) $\frac{7}{54}$ (14) $\frac{7}{60}$ (15) $\frac{31}{60}$ (16) $\frac{3}{56}$
(17) $\frac{17}{48}$ (18) $\frac{5}{42}$ (19) $\frac{11}{60}$ (20) $\frac{17}{60}$
(21) $\frac{19}{60}$ (22) $\frac{11}{54}$ (23) $\frac{17}{60}$ (24) $\frac{17}{56}$
(25) $\frac{17}{60}$ (26) $\frac{3}{50}$ (27) $\frac{11}{60}$ (28) $\frac{1}{52}$
(29) $\frac{25}{56}$ (30) $\frac{7}{54}$

45쪽

1. (1) $\frac{11}{30}$ (2) $\frac{11}{15}$ (3) $\frac{5}{12}$ (4) $\frac{16}{21}$
(5) $\frac{11}{14}$ (6) $\frac{7}{20}$ (7) $\frac{7}{20}$ (8) $\frac{3}{10}$
(9) $\frac{5}{6}$ (10) $\frac{9}{20}$

2. (1) $\frac{9}{14}$ (2) $\frac{11}{20}$ (3) $\frac{1}{12}$ (4) $\frac{5}{6}$
(5) $\frac{7}{12}$ (6) $\frac{7}{15}$ (7) $\frac{10}{21}$ (8) $\frac{1}{12}$
(9) $\frac{1}{6}$ (10) $\frac{2}{15}$

46쪽

1. (1) $\frac{11}{15}$ (2) $\frac{10}{21}$ (3) $\frac{3}{20}$ (4) $\frac{1}{5}$
(5) $\frac{1}{12}$ (6) $\frac{1}{15}$ (7) $\frac{1}{6}$ (8) $\frac{5}{6}$
(9) $\frac{7}{20}$ (10) $\frac{1}{15}$

2. (1) $\frac{7}{10}$ (2) $\frac{5}{14}$ (3) $\frac{5}{14}$ (4) $\frac{3}{20}$
(5) $\frac{16}{21}$ (6) $\frac{1}{15}$ (7) $\frac{1}{12}$ (8) $\frac{1}{12}$
(9) $\frac{1}{6}$ (10) $\frac{5}{12}$

47쪽

1. (1) $\frac{1}{15}$ (2) $\frac{1}{6}$ (3) $\frac{7}{30}$ (4) $\frac{5}{12}$
(5) $\frac{11}{20}$ (6) $\frac{11}{20}$ (7) $\frac{13}{21}$ (8) $\frac{1}{6}$
(9) $\frac{13}{20}$ (10) $\frac{1}{12}$

2. (1) $\frac{11}{12}$ (2) $\frac{1}{21}$ (3) $\frac{7}{20}$ (4) $\frac{1}{14}$
(5) $\frac{1}{6}$ (6) $\frac{1}{10}$ (7) $\frac{8}{15}$ (8) $\frac{1}{6}$
(9) $\frac{1}{14}$ (10) $\frac{5}{12}$

48쪽

1. (1) $\frac{4}{21}$ (2) $\frac{13}{30}$ (3) $\frac{1}{20}$ (4) $\frac{8}{15}$
(5) $\frac{4}{21}$ (6) $\frac{1}{6}$ (7) $\frac{1}{20}$ (8) $\frac{7}{12}$
(9) $\frac{1}{10}$ (10) $\frac{7}{12}$

2. (1) $\frac{1}{6}$ (2) $\frac{17}{20}$ (3) $\frac{1}{6}$ (4) $\frac{3}{14}$
(5) $\frac{1}{14}$ (6) $\frac{9}{20}$ (7) $\frac{5}{12}$ (8) $\frac{7}{20}$
(9) $\frac{17}{30}$ (10) $\frac{5}{12}$

49쪽

(1) $\frac{14}{15}$ (2) $\frac{17}{20}$ (3) $\frac{5}{6}$ (4) $\frac{14}{15}$
(5) $\frac{3}{10}$ (6) $\frac{11}{12}$ (7) $\frac{17}{20}$ (8) $\frac{7}{12}$
(9) $\frac{9}{14}$

50쪽

(1) $1\frac{11}{12}$ (2) $1\frac{9}{14}$ (3) $3\frac{11}{21}$ (4) $2\frac{3}{10}$
(5) $3\frac{11}{20}$ (6) $3\frac{13}{20}$ (7) $2\frac{5}{6}$ (8) $3\frac{7}{12}$
(9) $3\frac{14}{15}$

51쪽

(1) $1\frac{7}{15}$ (2) $2\frac{5}{21}$ (3) $3\frac{19}{20}$ (4) $3\frac{11}{12}$
(5) $2\frac{14}{15}$ (6) $1\frac{9}{20}$ (7) $2\frac{5}{6}$ (8) $4\frac{1}{6}$
(9) $4\frac{13}{14}$

52쪽

(1) $3\frac{13}{20}$ (2) $2\frac{5}{12}$ (3) $4\frac{3}{10}$ (4) $2\frac{5}{6}$
(5) $4\frac{17}{21}$ (6) $3\frac{11}{14}$ (7) $3\frac{5}{6}$ (8) $1\frac{11}{12}$
(9) $4\frac{19}{20}$

53쪽

(1) $1\frac{11}{40}$ (2) $1\frac{5}{12}$ (3) $1\frac{17}{40}$ (4) $1\frac{5}{18}$
(5) $\frac{35}{36}$ (6) $\frac{7}{12}$ (7) $1\frac{11}{28}$ (8) $1\frac{5}{48}$
(9) $1\frac{7}{20}$ (10) $1\frac{3}{20}$ (11) $1\frac{17}{36}$ (12) $1\frac{11}{24}$
(13) $1\frac{7}{24}$ (14) $\frac{47}{56}$ (15) $1\frac{11}{20}$ (16) $\frac{17}{24}$

54쪽

(1) $\frac{29}{36}$ (2) $\frac{35}{48}$ (3) $\frac{29}{60}$ (4) $\frac{33}{52}$
(5) $\frac{5}{42}$ (6) $\frac{9}{44}$ (7) $\frac{43}{48}$ (8) $\frac{21}{50}$
(9) $\frac{17}{44}$ (10) $\frac{26}{45}$ (11) $\frac{25}{48}$ (12) $\frac{29}{42}$
(13) $\frac{13}{24}$ (14) $\frac{35}{54}$ (15) $\frac{19}{54}$ (16) $\frac{17}{24}$

55쪽

(1) $\frac{19}{24}$ (2) $\frac{11}{48}$ (3) $\frac{23}{24}$ (4) $\frac{13}{48}$
(5) $1\frac{5}{36}$ (6) $\frac{17}{60}$ (7) $\frac{53}{60}$ (8) $\frac{37}{56}$
(9) $1\frac{3}{28}$ (10) $1\frac{1}{40}$ (11) $\frac{17}{36}$ (12) $\frac{31}{60}$
(13) $\frac{59}{60}$ (14) $\frac{23}{24}$ (15) $\frac{39}{50}$ (16) $\frac{25}{42}$

56쪽

(1) $\frac{7}{30}$ (2) $\frac{1}{60}$ (3) $\frac{7}{48}$ (4) $\frac{3}{56}$
(5) $\frac{31}{60}$ (6) $\frac{3}{56}$ (7) $\frac{1}{48}$ (8) $\frac{4}{45}$
(9) $\frac{5}{44}$ (10) $\frac{14}{45}$ (11) $\frac{1}{48}$ (12) $\frac{1}{44}$
(13) $\frac{9}{56}$ (14) $\frac{1}{48}$ (15) $\frac{17}{48}$ (16) $\frac{19}{60}$

57쪽

(1) $\frac{4}{5}$ (2) $1\frac{5}{9}$ (3) $\frac{11}{12}$ (4) $1\frac{5}{8}$
(5) $1\frac{6}{7}$ (6) $\frac{11}{16}$ (7) $1\frac{7}{15}$ (8) $1\frac{5}{21}$
(9) $1\frac{13}{15}$ (10) $1\frac{7}{15}$ (11) $1\frac{3}{8}$ (12) $\frac{7}{15}$
(13) $\frac{13}{16}$ (14) $1\frac{1}{10}$ (15) $\frac{13}{20}$ (16) $1\frac{2}{15}$

58쪽

(1) $\frac{8}{9}$ (2) $1\frac{1}{30}$ (3) $1\frac{1}{21}$ (4) $1\frac{7}{27}$
(5) $\frac{9}{20}$ (6) $1\frac{1}{12}$ (7) $\frac{11}{20}$ (8) $\frac{3}{16}$
(9) $\frac{2}{5}$ (10) $1\frac{3}{25}$ (11) $\frac{1}{2}$ (12) $\frac{2}{5}$
(13) $\frac{5}{7}$ (14) $\frac{9}{16}$ (15) $\frac{19}{20}$ (16) $\frac{17}{21}$

59쪽

(1) $\frac{7}{25}$ (2) $\frac{1}{4}$ (3) $\frac{9}{14}$ (4) $\frac{20}{27}$
(5) $\frac{7}{25}$ (6) $\frac{3}{5}$ (7) $\frac{5}{21}$ (8) $1\frac{3}{8}$
(9) $\frac{11}{27}$ (10) $\frac{4}{5}$ (11) $\frac{9}{16}$ (12) $\frac{8}{27}$
(13) $\frac{7}{12}$ (14) $\frac{2}{3}$ (15) $\frac{11}{16}$ (16) $\frac{7}{12}$

60쪽

(1) $\frac{7}{27}$ (2) $\frac{1}{3}$ (3) $\frac{3}{7}$ (4) $\frac{1}{21}$
(5) $\frac{1}{10}$ (6) $\frac{4}{15}$ (7) $\frac{3}{25}$ (8) $\frac{3}{20}$
(9) $\frac{1}{16}$ (10) $\frac{3}{20}$ (11) $\frac{1}{6}$ (12) $\frac{4}{27}$
(13) $\frac{10}{27}$ (14) $\frac{1}{15}$ (15) $\frac{1}{5}$ (16) $\frac{3}{16}$

61쪽

(1) $\frac{2}{15}$ (2) $\frac{21}{32}$ (3) $\frac{25}{54}$ (4) $\frac{15}{64}$
(5) $\frac{9}{28}$ (6) $\frac{25}{42}$ (7) $\frac{8}{21}$ (8) $\frac{9}{35}$
(9) $\frac{35}{72}$ (10) $\frac{15}{56}$ (11) $\frac{4}{27}$ (12) $\frac{25}{48}$
(13) $\frac{35}{54}$ (14) $\frac{9}{56}$ (15) $\frac{24}{49}$ (16) $\frac{28}{45}$
(17) $\frac{24}{35}$ (18) $\frac{12}{35}$ (19) $\frac{21}{40}$ (20) $\frac{12}{35}$
(21) $\frac{49}{72}$ (22) $\frac{8}{15}$ (23) $\frac{16}{63}$ (24) $\frac{9}{40}$
(25) $\frac{32}{63}$ (26) $\frac{18}{35}$ (27) $\frac{35}{48}$ (28) $\frac{40}{63}$
(29) $\frac{56}{81}$ (30) $\frac{15}{32}$

62쪽

(1) $\frac{25}{42}$ (2) $\frac{56}{81}$ (3) $\frac{12}{25}$ (4) $\frac{25}{56}$
(5) $\frac{49}{72}$ (6) $\frac{21}{64}$ (7) $\frac{20}{63}$ (8) $\frac{8}{45}$
(9) $\frac{49}{81}$ (10) $\frac{21}{32}$ (11) $\frac{35}{54}$ (12) $\frac{28}{45}$
(13) $\frac{35}{64}$ (14) $\frac{15}{28}$ (15) $\frac{15}{49}$ (16) $\frac{9}{16}$
(17) $\frac{8}{45}$ (18) $\frac{20}{63}$ (19) $\frac{21}{40}$ (20) $\frac{35}{48}$
(21) $\frac{28}{81}$ (22) $\frac{12}{35}$ (23) $\frac{20}{49}$ (24) $\frac{32}{45}$
(25) $\frac{35}{72}$ (26) $\frac{12}{35}$ (27) $\frac{15}{32}$ (28) $\frac{16}{35}$
(29) $\frac{28}{45}$ (30) $\frac{32}{63}$

63쪽

(1) $\frac{35}{12}$ (2) $\frac{64}{21}$ (3) $\frac{45}{32}$ (4) $\frac{35}{32}$
(5) $\frac{49}{18}$ (6) $\frac{35}{18}$ (7) $\frac{49}{24}$ (8) $\frac{63}{40}$
(9) $\frac{45}{28}$ (10) $\frac{63}{32}$ (11) $\frac{63}{20}$ (12) $\frac{49}{6}$
(13) $\frac{64}{63}$ (14) $\frac{54}{49}$ (15) $\frac{81}{40}$ (16) $\frac{27}{20}$
(17) $\frac{21}{20}$ (18) $\frac{49}{45}$ (19) $\frac{72}{35}$ (20) $\frac{81}{35}$
(21) $\frac{48}{35}$ (22) $\frac{40}{21}$ (23) $\frac{32}{21}$ (24) $\frac{35}{8}$
(25) $\frac{81}{56}$ (26) $\frac{56}{15}$ (27) $\frac{35}{24}$ (28) $\frac{72}{49}$
(29) $\frac{81}{32}$ (30) $\frac{54}{35}$

64쪽

(1) $1\frac{17}{28}$ (2) $1\frac{1}{20}$ (3) $2\frac{17}{32}$ (4) $1\frac{19}{21}$
(5) $1\frac{11}{45}$ (6) $\frac{23}{40}$ (7) $2\frac{2}{35}$ (8) $1\frac{3}{32}$
(9) $1\frac{23}{49}$ (10) $\frac{29}{35}$ (11) $1\frac{7}{20}$ (12) $1\frac{1}{35}$
(13) $1\frac{9}{40}$ (14) $\frac{13}{35}$ (15) $1\frac{31}{32}$ (16) $1\frac{5}{49}$
(17) $5\frac{5}{6}$ (18) $1\frac{7}{20}$ (19) $1\frac{11}{24}$ (20) $1\frac{19}{30}$

65쪽

(1) $\frac{5}{12}$ (2) $\frac{9}{28}$ (3) $\frac{7}{12}$ (4) $\frac{20}{27}$
(5) $\frac{5}{24}$ (6) $\frac{3}{4}$ (7) $\frac{28}{45}$ (8) $\frac{14}{45}$
(9) $\frac{5}{16}$ (10) $\frac{5}{8}$ (11) $\frac{1}{14}$ (12) $\frac{9}{14}$
(13) $\frac{4}{15}$ (14) $\frac{5}{7}$ (15) $\frac{7}{40}$ (16) $\frac{10}{27}$
(17) $\frac{7}{24}$ (18) $\frac{7}{15}$ (19) $\frac{3}{10}$ (20) $\frac{5}{12}$
(21) $\frac{7}{30}$ (22) $\frac{3}{7}$ (23) $\frac{7}{45}$ (24) $\frac{21}{40}$

66쪽

(1) $\frac{1}{6}$ (2) $\frac{2}{3}$ (3) $\frac{3}{4}$ (4) $\frac{2}{9}$
(5) $\frac{4}{15}$ (6) $\frac{1}{8}$ (7) $\frac{1}{9}$ (8) $\frac{4}{9}$
(9) $\frac{1}{2}$ (10) $\frac{5}{4}$ (11) $\frac{1}{3}$ (12) $\frac{1}{2}$
(13) $\frac{3}{4}$ (14) $\frac{4}{5}$ (15) $\frac{3}{8}$ (16) $\frac{2}{9}$
(17) $\frac{1}{2}$ (18) $\frac{4}{3}$ (19) $\frac{3}{2}$ (20) $\frac{5}{4}$
(21) $\frac{2}{15}$ (22) $\frac{12}{25}$ (23) $\frac{6}{25}$ (24) $\frac{2}{5}$

67쪽

(1) $\frac{1}{14}$ (2) $\frac{7}{12}$ (3) $\frac{3}{5}$ (4) $\frac{4}{9}$
(5) $\frac{6}{5}$ (6) $\frac{6}{5}$ (7) $\frac{4}{5}$ (8) $\frac{20}{3}$
(9) $\frac{6}{11}$ (10) $\frac{12}{35}$ (11) $\frac{35}{12}$ (12) $\frac{5}{6}$
(13) $\frac{15}{7}$ (14) $\frac{9}{2}$ (15) $\frac{10}{21}$ (16) $\frac{6}{35}$
(17) $\frac{25}{42}$ (18) $\frac{3}{10}$ (19) $\frac{20}{33}$ (20) $\frac{25}{56}$
(21) $\frac{9}{4}$ (22) $\frac{15}{49}$ (23) $\frac{40}{9}$ (24) $\frac{21}{25}$

68쪽

(1) $\frac{12}{35}$ (2) $\frac{35}{12}$ (3) $\frac{28}{15}$ (4) $\frac{25}{49}$
(5) $\frac{24}{25}$ (6) $\frac{14}{33}$ (7) $\frac{28}{15}$ (8) $\frac{10}{9}$
(9) $\frac{35}{33}$ (10) $\frac{25}{28}$ (11) $\frac{35}{12}$ (12) $\frac{10}{9}$
(13) $\frac{12}{35}$ (14) $\frac{15}{8}$ (15) $\frac{10}{39}$ (16) $\frac{56}{55}$
(17) $\frac{35}{36}$ (18) $\frac{8}{45}$ (19) $\frac{25}{72}$ (20) $\frac{8}{15}$
(21) $\frac{9}{8}$ (22) $\frac{25}{49}$ (23) $\frac{5}{6}$ (24) $\frac{15}{28}$

69쪽

(1) $\frac{28}{15}$ (2) $\frac{35}{12}$ (3) $\frac{12}{55}$ (4) $\frac{35}{12}$
(5) $\frac{35}{12}$ (6) $\frac{15}{49}$ (7) $\frac{21}{40}$ (8) $\frac{9}{10}$
(9) $\frac{25}{21}$ (10) $\frac{49}{4}$ (11) $\frac{21}{20}$ (12) $\frac{25}{12}$
(13) $\frac{24}{35}$ (14) $\frac{8}{9}$ (15) $\frac{25}{12}$ (16) $\frac{55}{56}$
(17) $\frac{28}{25}$ (18) $\frac{25}{12}$ (19) $\frac{49}{36}$ (20) $\frac{20}{9}$
(21) $\frac{24}{35}$ (22) $\frac{8}{15}$ (23) $\frac{28}{45}$ (24) $\frac{15}{28}$
(5) $\frac{25}{54}$ (6) $\frac{12}{35}$ (7) $\frac{21}{40}$ (8) $\frac{15}{32}$
(9) $\frac{24}{49}$ (10) $\frac{9}{56}$ (11) $\frac{9}{35}$ (12) $\frac{21}{32}$
(13) $\frac{28}{45}$ (14) $\frac{35}{54}$ (15) $\frac{18}{35}$ (16) $\frac{56}{81}$
(17) $\frac{40}{63}$ (18) $\frac{16}{63}$ (19) $\frac{9}{40}$ (20) $\frac{15}{56}$
(21) $\frac{35}{48}$ (22) $\frac{24}{35}$ (23) $\frac{49}{72}$ (24) $\frac{12}{35}$
(25) $\frac{35}{72}$ (26) $\frac{8}{15}$ (27) $\frac{32}{63}$ (28) $\frac{25}{42}$
(29) $\frac{4}{15}$ (30) $\frac{9}{28}$

70쪽

(1) $2\frac{11}{12}$ (2) $1\frac{5}{16}$ (3) $2\frac{11}{12}$ (4) $2\frac{2}{9}$
(5) $1\frac{1}{14}$ (6) $1\frac{17}{28}$ (7) $1\frac{11}{24}$ (8) $\frac{15}{28}$
(9) $\frac{3}{5}$ (10) $\frac{16}{45}$ (11) $1\frac{1}{9}$ (12) $2\frac{1}{10}$
(13) $\frac{2}{5}$ (14) $1\frac{17}{63}$ (15) $2\frac{1}{12}$ (16) $1\frac{1}{15}$

71쪽

(1) $4\frac{1}{6}$ (2) $\frac{8}{35}$ (3) $\frac{16}{27}$ (4) $2\frac{1}{4}$
(5) $1\frac{11}{24}$ (6) $2\frac{1}{10}$ (7) $\frac{6}{35}$ (8) $2\frac{2}{9}$
(9) $\frac{16}{27}$ (10) $2\frac{2}{9}$ (11) $4\frac{2}{7}$ (12) $\frac{20}{21}$
(13) $1\frac{1}{3}$ (14) $4\frac{4}{9}$ (15) $2\frac{3}{16}$ (16) $1\frac{1}{9}$

72쪽

(1) $\frac{4}{27}$ (2) $\frac{25}{48}$ (3) $\frac{8}{21}$ (4) $\frac{15}{64}$

73쪽

(1) $\frac{32}{45}$ (2) $\frac{15}{32}$ (3) $\frac{20}{63}$ (4) $\frac{25}{42}$
(5) $\frac{35}{81}$ (6) $\frac{9}{32}$ (7) $\frac{25}{36}$ (8) $\frac{8}{45}$
(9) $\frac{16}{35}$ (10) $\frac{25}{56}$ (11) $\frac{21}{40}$ (12) $\frac{35}{72}$
(13) $\frac{20}{49}$ (14) $\frac{49}{72}$ (15) $\frac{28}{45}$ (16) $\frac{18}{49}$
(17) $\frac{8}{45}$ (18) $\frac{20}{63}$ (19) $\frac{35}{64}$ (20) $\frac{12}{35}$
(21) $\frac{12}{25}$ (22) $\frac{12}{35}$ (23) $\frac{28}{81}$ (24) $\frac{21}{32}$
(25) $\frac{21}{64}$ (26) $\frac{32}{81}$ (27) $\frac{35}{54}$ (28) $\frac{49}{81}$
(29) $\frac{9}{16}$ (30) $\frac{35}{72}$

74쪽

(1) $\frac{63}{10}$ (2) $\frac{54}{35}$ (3) $\frac{40}{3}$ (4) $\frac{49}{6}$
(5) $\frac{81}{16}$ (6) $\frac{63}{20}$ (7) $\frac{49}{12}$ (8) $\frac{81}{35}$
(9) $\frac{81}{40}$ (10) $\frac{63}{20}$ (11) $\frac{21}{8}$ (12) $\frac{81}{56}$
(13) $\frac{27}{8}$ (14) $\frac{48}{35}$ (15) $\frac{63}{40}$ (16) $\frac{49}{12}$
(17) $\frac{49}{18}$ (18) $\frac{49}{24}$ (19) $\frac{64}{21}$ (20) $\frac{63}{32}$
(21) $\frac{45}{14}$ (22) $\frac{63}{16}$ (23) $\frac{32}{21}$ (24) $\frac{72}{49}$
(25) $\frac{56}{15}$ (26) $\frac{72}{35}$ (27) $\frac{35}{18}$ (28) $\frac{45}{4}$
(29) $\frac{72}{49}$ (30) $\frac{35}{12}$

75쪽

(1) $\frac{63}{8}$ (2) $\frac{72}{49}$ (3) $\frac{27}{4}$ (4) $\frac{54}{49}$
(5) $\frac{49}{15}$ (6) $\frac{40}{21}$ (7) $\frac{64}{35}$ (8) $\frac{49}{24}$
(9) $\frac{81}{32}$ (10) $\frac{63}{40}$ (11) $\frac{81}{64}$ (12) $\frac{54}{25}$
(13) $\frac{56}{15}$ (14) $\frac{45}{16}$ (15) $\frac{72}{35}$ (16) $\frac{48}{35}$
(17) $\frac{81}{49}$ (18) $\frac{35}{6}$ (19) $\frac{35}{24}$ (20) $\frac{81}{35}$
(21) $\frac{49}{30}$ (22) $\frac{35}{12}$ (23) $\frac{49}{12}$ (24) $\frac{35}{8}$
(25) $\frac{72}{35}$ (26) $\frac{35}{12}$ (27) $\frac{27}{5}$ (28) $\frac{49}{5}$
(29) $\frac{63}{20}$ (30) $\frac{49}{20}$

76쪽

(1) $\frac{7}{15}$ (2) $\frac{5}{7}$ (3) $\frac{5}{12}$ (4) $\frac{7}{30}$
(5) $\frac{20}{27}$ (6) $\frac{4}{15}$ (7) $\frac{7}{40}$ (8) $\frac{7}{45}$
(9) $\frac{5}{12}$ (10) $\frac{5}{16}$ (11) $\frac{3}{7}$ (12) $\frac{9}{28}$
(13) $\frac{5}{24}$ (14) $\frac{5}{8}$ (15) $\frac{14}{45}$ (16) $\frac{21}{40}$
(17) $\frac{7}{12}$ (18) $\frac{3}{14}$ (19) $\frac{3}{4}$ (20) $\frac{7}{24}$
(21) $\frac{9}{14}$ (22) $\frac{3}{10}$ (23) $\frac{10}{27}$ (24) $\frac{28}{45}$

77쪽

(1) $\dfrac{2}{3}$ (2) $\dfrac{1}{2}$ (3) $\dfrac{1}{2}$ (4) $\dfrac{2}{3}$
(5) $\dfrac{2}{15}$ (6) $\dfrac{2}{5}$ (7) $\dfrac{2}{9}$ (8) $\dfrac{1}{9}$
(9) $\dfrac{2}{9}$ (10) $\dfrac{4}{15}$ (11) $\dfrac{1}{6}$ (12) $\dfrac{1}{3}$
(13) $\dfrac{3}{4}$ (14) $\dfrac{3}{4}$ (15) $\dfrac{4}{5}$ (16) $\dfrac{12}{25}$
(17) $\dfrac{1}{2}$ (18) $\dfrac{5}{12}$ (19) $\dfrac{3}{8}$ (20) $\dfrac{4}{15}$
(21) $\dfrac{1}{8}$ (22) $\dfrac{1}{8}$ (23) $\dfrac{6}{25}$ (24) $\dfrac{3}{10}$

78쪽

(1) $\dfrac{5}{2}$ (2) $\dfrac{40}{9}$ (3) $\dfrac{1}{14}$ (4) $\dfrac{12}{35}$
(5) $\dfrac{4}{9}$ (6) $\dfrac{7}{12}$ (7) $\dfrac{25}{14}$ (8) $\dfrac{5}{21}$
(9) $\dfrac{20}{33}$ (10) $\dfrac{4}{5}$ (11) $\dfrac{6}{11}$ (12) $\dfrac{5}{6}$
(13) $\dfrac{10}{21}$ (14) $\dfrac{9}{2}$ (15) $\dfrac{3}{5}$ (16) $\dfrac{21}{25}$
(17) $\dfrac{15}{7}$ (18) $\dfrac{3}{14}$ (19) $\dfrac{6}{35}$ (20) $\dfrac{20}{3}$
(21) $\dfrac{35}{24}$ (22) $\dfrac{9}{4}$ (23) $\dfrac{25}{56}$ (24) $\dfrac{6}{5}$

79쪽

(1) $\dfrac{5}{6}$ (2) $\dfrac{3}{28}$ (3) $\dfrac{32}{15}$ (4) $\dfrac{14}{5}$
(5) $\dfrac{14}{33}$ (6) $\dfrac{39}{7}$ (7) $\dfrac{25}{28}$ (8) $\dfrac{8}{15}$
(9) $\dfrac{35}{12}$ (10) $\dfrac{35}{12}$ (11) $\dfrac{35}{33}$ (12) $\dfrac{7}{15}$
(13) $\dfrac{24}{25}$ (14) $\dfrac{10}{9}$ (15) $\dfrac{72}{25}$ (16) $\dfrac{12}{35}$
(17) $\dfrac{9}{8}$ (18) $\dfrac{28}{15}$ (19) $\dfrac{28}{15}$ (20) $\dfrac{15}{8}$
(21) $\dfrac{15}{28}$ (22) $\dfrac{10}{9}$ (23) $\dfrac{25}{49}$ (24) $\dfrac{25}{49}$

80쪽

(1) $\dfrac{25}{21}$ (2) $\dfrac{15}{8}$ (3) $\dfrac{9}{10}$ (4) $\dfrac{35}{24}$
(5) $\dfrac{8}{9}$ (6) $\dfrac{56}{55}$ (7) $\dfrac{35}{12}$ (8) $\dfrac{5}{6}$
(9) $\dfrac{15}{28}$ (10) $\dfrac{25}{12}$ (11) $\dfrac{28}{15}$ (12) $\dfrac{25}{12}$
(13) $\dfrac{49}{36}$ (14) $\dfrac{40}{21}$ (15) $\dfrac{9}{10}$ (16) $\dfrac{21}{20}$
(17) $\dfrac{35}{24}$ (18) $\dfrac{55}{12}$ (19) $\dfrac{35}{12}$ (20) $\dfrac{15}{49}$
(21) $\dfrac{20}{9}$ (22) $\dfrac{45}{28}$ (23) $\dfrac{25}{12}$ (24) $\dfrac{28}{25}$

81쪽

(1) $2\dfrac{1}{10}$ (2) $1\dfrac{1}{2}$ (3) $1\dfrac{7}{8}$ (4) $4\dfrac{1}{2}$
(5) $2\dfrac{1}{2}$ (6) $1\dfrac{7}{20}$ (7) $6\dfrac{2}{3}$ (8) $1\dfrac{3}{5}$
(9) $1\dfrac{1}{14}$ (10) $1\dfrac{29}{36}$ (11) $2\dfrac{2}{15}$ (12) $1\dfrac{17}{28}$
(13) $1\dfrac{11}{24}$ (14) $1\dfrac{1}{9}$ (15) $1\dfrac{3}{25}$ (16) $1\dfrac{1}{35}$

82쪽

(1) $4\dfrac{1}{6}$ (2) $1\dfrac{1}{14}$ (3) $1\dfrac{14}{25}$ (4) $1\dfrac{11}{24}$
(5) $1\dfrac{7}{48}$ (6) $4\dfrac{3}{8}$ (7) $4\dfrac{4}{9}$ (8) $2\dfrac{2}{5}$
(9) $1\dfrac{11}{16}$ (10) $9\dfrac{1}{3}$ (11) $1\dfrac{13}{42}$ (12) $1\dfrac{11}{24}$
(13) $1\dfrac{19}{44}$ (14) $2\dfrac{1}{10}$ (15) $1\dfrac{1}{15}$ (16) $2\dfrac{9}{28}$

83쪽

(1) $2\dfrac{1}{4}$ (2) 1 (3) $\dfrac{1}{4}$ (4) 1
(5) $1\dfrac{1}{2}$ (6) $\dfrac{2}{3}$ (7) $9\dfrac{3}{8}$ (8) 2
(9) $1\dfrac{1}{3}$ (10) $3\dfrac{1}{3}$ (11) $1\dfrac{1}{2}$ (12) $2\dfrac{2}{3}$
(13) $2\dfrac{2}{3}$ (14) $1\dfrac{4}{5}$ (15) $1\dfrac{24}{25}$ (16) $1\dfrac{13}{35}$

84쪽

(1) $9\dfrac{1}{6}$ (2) $1\dfrac{1}{3}$ (3) $1\dfrac{3}{5}$ (4) $3\dfrac{1}{2}$
(5) $1\dfrac{1}{4}$ (6) $2\dfrac{5}{8}$ (7) $1\dfrac{1}{3}$ (8) $2\dfrac{4}{5}$
(9) $1\dfrac{1}{2}$ (10) $2\dfrac{1}{8}$ (11) $3\dfrac{1}{2}$ (12) $\dfrac{30}{49}$
(13) $1\dfrac{1}{5}$ (14) $1\dfrac{1}{3}$ (15) $1\dfrac{1}{2}$ (16) $1\dfrac{1}{3}$

85쪽

(1) $1\dfrac{7}{8}$ (2) $1\dfrac{1}{5}$ (3) $1\dfrac{1}{3}$ (4) $1\dfrac{1}{6}$
(5) $1\dfrac{1}{3}$ (6) $1\dfrac{3}{5}$ (7) $1\dfrac{1}{3}$ (8) $2\dfrac{7}{9}$
(9) $1\dfrac{1}{3}$ (10) $1\dfrac{13}{27}$ (11) $1\dfrac{1}{6}$ (12) $1\dfrac{2}{9}$
(13) $2\dfrac{2}{3}$ (14) $1\dfrac{1}{2}$ (15) $\dfrac{17}{63}$ (16) $1\dfrac{5}{8}$

86쪽

(1) $1\dfrac{1}{5}$ (2) $2\dfrac{7}{9}$ (3) $1\dfrac{1}{2}$ (4) $3\dfrac{1}{3}$
(5) $2\dfrac{4}{5}$ (6) $1\dfrac{1}{3}$ (7) $2\dfrac{1}{2}$ (8) $1\dfrac{1}{6}$
(9) $3\dfrac{1}{2}$ (10) $1\dfrac{5}{9}$ (11) $6\dfrac{1}{4}$ (12) $1\dfrac{1}{3}$
(13) $2\dfrac{2}{3}$ (14) $1\dfrac{1}{3}$ (15) $1\dfrac{7}{18}$ (16) $2\dfrac{2}{3}$

87쪽

(1) $2\dfrac{1}{4}$ (2) $2\dfrac{4}{5}$ (3) $3\dfrac{1}{2}$ (4) $3\dfrac{3}{4}$
(5) $1\dfrac{4}{5}$ (6) $1\dfrac{5}{9}$ (7) $2\dfrac{13}{18}$ (8) $2\dfrac{2}{5}$
(9) $1\dfrac{7}{20}$ (10) $3\dfrac{1}{3}$ (11) $1\dfrac{1}{3}$ (12) $2\dfrac{1}{4}$
(13) $1\dfrac{7}{8}$ (14) $1\dfrac{13}{35}$ (15) $8\dfrac{1}{3}$ (16) $1\dfrac{1}{27}$

88쪽

(1) $1\dfrac{1}{3}$ (2) $7\dfrac{1}{2}$ (3) $3\dfrac{1}{5}$ (4) $2\dfrac{1}{2}$
(5) $1\dfrac{1}{10}$ (6) $2\dfrac{1}{10}$ (7) $1\dfrac{1}{3}$ (8) $1\dfrac{5}{9}$
(9) $1\dfrac{1}{3}$ (10) $1\dfrac{1}{9}$ (11) $1\dfrac{1}{2}$ (12) $1\dfrac{1}{4}$
(13) $3\dfrac{3}{8}$ (14) $6\dfrac{2}{3}$ (15) $1\dfrac{2}{9}$ (16) $2\dfrac{26}{27}$